中国地质调查成果 CGS 2022－056
鄂东—湘东北地区地质矿产调查（DD20160031） 联合资助
华中地区自然资源动态监测与风险评估（DD20211391）

湘东北地区燕山期铜铅锌成矿作用与成矿系统

XIANG DONGBEI DIQU YANSHANQI TONG QIAN XIN
CHENGKUANG ZUOYONG YU CHENGKUANG XITONG

陕 亮 编著

图书在版编目（CIP）数据

湘东北地区燕山期铜铅锌成矿作用与成矿系统/陕亮编著.—武汉：中国地质大学出版社，2023.3

ISBN 978-7-5625-5509-4

Ⅰ.①湘… Ⅱ.①陕… Ⅲ.①燕山期-多金属矿床-成矿作用-研究-湖南 ②燕山期-多金属矿床-成矿系列-研究-湖南 Ⅳ.①P618.201

中国国家版本馆 CIP 数据核字（2023）第 034626 号

湘东北地区燕山期铜铅锌成矿作用与成矿系统			陕 亮 编著
责任编辑：韦有福	选题策划：韦有福 张 健		责任校对：张咏梅
出版发行：中国地质大学出版社（武汉市洪山区鲁磨路388号）			邮编：430074
电　　话：(027)67883511	传　　真：(027)67883580		E-mail:cbb@cug.edu.cn
经　　销：全国新华书店			http://cugp.cug.edu.cn
开本：787毫米×1092毫米　1/16		字数：288千字	印张 11.5
版次：2023年3月第1版		印次：2023年3月第1次印刷	
印刷：湖北新华印务有限公司			
ISBN 978-7-5625-5509-4			定价：88.00元

如有印装质量问题请与印刷厂联系调换

前 言

湘东北地区位于湖南省岳阳县、湘阴县、长沙市、浏阳市一线的东北部(北纬28°00′—29°40′,东经113°00′—114°45′),是我国地质学界长期关注的热点地区之一。湘东北地区位于江南造山带中部(文志林等,2016),属于扬子陆块与华夏陆块的多次裂解、碰撞和贴合部位,历经多期次、多类型(陆缘、陆间和陆内)造山作用,地质构造复杂,岩浆活动非常强烈,特别是燕山期中酸性花岗岩浆活动最为强烈,形成了燕山期北北东向及北东向规模宏大的大型走滑断裂系统所控制的雁列盆岭山链格局,是华南晚中生代以来构造-岩浆作用和多金属成矿关键地区之一(饶家荣等,1993;李紫金等,1998;傅昭仁等,1999;翟裕生等,1999;许德如等,2009),也是我国铜铅锌等多种金属矿产资源的成矿有利区和找矿目标区。但目前对湘东北地区铜铅锌多金属区域成矿作用研究薄弱,铜铅锌多金属成矿是否为一个统一的成矿系统等科学问题的解答仍不明确,亟待解决。

聚焦上述科学问题,基于研究区铜铅锌多金属等特色矿产资源的地质特征,笔者以区域成矿学理论为指导,以七宝山铜(金)多金属矿、井冲铜钴铅锌多金属矿、桃林铅锌铜多金属矿、栗山铅锌铜多金属矿等4个典型矿床为研究对象,以湘东北地区铜铅锌多金属矿成矿作用与成矿系统研究为重点,在成矿地质背景分析和典型铜铅锌多金属矿床地质特征调查研究的基础上,通过分类解剖矿床地质特征,厘定成岩成矿时代,分析成矿物质来源与成矿流体性质,开展对斑岩型-矽卡岩型-热液脉型铜(金)多金属、热液脉型铜钴铅锌多金属、热液脉型铅锌铜多金属3类铜铅锌钴多金属矿床成矿作用的地质-地球化学特征研究,探讨区域成矿作用与成矿规律,总结区域成矿模式,构建成矿系统,为湘东北地区铜铅锌多金属下一步找矿工作等提供科学依据。主要取得以下成果及认识:

(1)提出湘东北地区铜铅锌多金属矿床是在古太平洋板块自南东向北西俯冲背景下与燕山期岩浆侵入活动相关的岩浆-热液成矿系统,可进一步划分为斑岩型-矽卡岩型-热液脉型铜(金)多金属、岩浆-热液充填-交代型铜钴铅锌多金属、岩浆-热液充填型铅锌铜多金属3个成矿子系统。将铜铅锌多金属矿床的成因类型划分为斑岩型-矽卡岩型-热液脉型铜(金)多金属矿、热液脉型铜钴铅锌多金属矿、热液脉型铅锌铜多金属矿3个大类,并总结提出了湘东北地区燕山期铜铅锌多金属区域成矿模式。

(2)确定与铜铅锌多金属成矿系统成矿过程有关的岩浆岩主要形成于153~148Ma和138~132Ma两个时期。成矿系统存在晚侏罗世(约153Ma)铜多金属成矿、早白垩世(135~128Ma)铜钴铅锌多金属成矿、晚白垩世(约88Ma)铅锌铜多金属成矿等3次与湘东北地区构造-岩浆活动耦合的成矿事件。

(3)发现成矿系统自南东向北西呈渐变规律,主要表现为含矿岩浆活动的成岩时代由老变新,成矿时代总体也是由老变新,成矿元素由以铜为主逐步转变为以铅锌为主,成矿作用关键控制因素由以中酸性岩浆岩与活泼碳酸岩的接触带构造,逐步转变为中酸性岩浆岩与大规模断层活动的耦合关系,并进一步转变为以岩浆期后断裂的后期叠加活化控制为主。

(4)提出铜铅锌多金属成矿系统的物质来源主要为深部岩浆岩,但不同矿床成矿岩浆岩源区不同程度地加入了上地壳物质。七宝山铜(金)多金属矿成矿物质来源为较典型的岩浆源,井冲铜钴铅锌多金属矿有少量地壳物质加入,桃林铅锌铜多金属矿和栗山铅锌铜多金属矿加入的地壳物质相对较多。

(5)认为铜铅锌多金属成矿系统的成矿流体主要为高温、中低盐度、低密度的岩浆热液体系,中温、中低盐度、低密度岩浆热液体系,中低温、中低盐度、中低密度的岩浆热液与大气降水混合体系等3个类型。

本书是在笔者博士学位论文基础上整理而成的,编写过程中,先后得到了中国地质调查局总工室、资源评价部的大力支持,得到了中国地质大学(北京)翟裕生院士和刘家军教授的指导,得到了中国地质大学(武汉)资源学院李艳军副教授、海南省地质局资源环境调查院王力高级工程师等专家学者在成矿理论与综合研究方面的指点帮助,也得到了中国地质大学(武汉)地质过程与矿产资源国家重点实验室、中国科学院地质与地球物理研究所流体包裹体研究实验室、核工业北京地质研究院、南京宏创地质勘查技术服务有限公司等单位及专家在实验测试方面给予的热情帮助,还得到了中国地质调查局武汉地质调查中心中南地区地质调查项目管理办公室、规划处、科学技术处、矿产地质室、基础地质室、境外地质室、同位素地球化学研究室、岩矿测试室等部门的魏道芳教授级高级工程师、金维群教授级高级工程师、牛志军研究员、龙文国研究员、李堃教授级高级工程师、柯贤忠高级工程师、姜军胜高级工程师、朱江高级工程师、田洋高级工程师、庞迎春工程师、金巍工程师、王晶工程师、杨红梅教授级高级工程师、张利国高级工程师、刘重芃高级工程师,以及原湖南省地质矿产勘查开发局402队董国军总工程师、宁钧陶副总工程师、康博高级工程师等,原湖南省地质调查院孟德保院长、湖南省国土资源规划院(湖南省地质勘查项目管理办公室)周厚祥教授级高级工程师等,以及七宝山铜(金)多金属矿、井冲铜钴铅锌多金属矿、桃林和栗山铅锌铜多金属矿等矿山的领导和专家在野外工作和后期综合研究、专著编写期间提供的工作条件和资料协助,在此一并表示衷心的感谢。

由于笔者水平和精力有限,书中可能存在诸多不妥之处,敬请批评指正。

陕 亮
2023 年 1 月 10 日

目 录

第一章 研究现状 ……………………………………………………………………………（1）
 第一节 成矿作用与成矿系统理论研究 …………………………………………………（1）
 第二节 湘东北地区典型矿床成矿作用研究 ……………………………………………（3）
 第三节 湘东北地区铜铅锌成矿系统研究 ………………………………………………（5）
 第四节 存在主要问题 ……………………………………………………………………（6）

第二章 区域成矿地质背景 …………………………………………………………………（7）
 第一节 区域地层 …………………………………………………………………………（8）
 第二节 区域构造 …………………………………………………………………………（13）
 第三节 区域岩浆岩 ………………………………………………………………………（16）
 第四节 区域矿产资源概况 ………………………………………………………………（19）

第三章 典型矿床地质特征 …………………………………………………………………（20）
 第一节 七宝山铜（金）多金属矿 …………………………………………………………（20）
 第二节 井冲铜钴铅锌多金属矿 …………………………………………………………（27）
 第三节 桃林铅锌铜多金属矿 ……………………………………………………………（34）
 第四节 栗山铅锌铜多金属矿 ……………………………………………………………（39）

第四章 测试分析方法 ………………………………………………………………………（44）

第五章 七宝山铜（金）多金属矿成矿作用及成因 ………………………………………（48）
 第一节 成岩成矿时代 ……………………………………………………………………（48）
 第二节 成矿岩体岩石地球化学特征 ……………………………………………………（51）
 第三节 成矿流体性质 ……………………………………………………………………（54）
 第四节 成矿物质来源 ……………………………………………………………………（59）
 第五节 矿床成因 …………………………………………………………………………（60）

第六章 井冲铜钴铅锌多金属矿成矿作用及成因 ………………………………………（62）
 第一节 成岩成矿时代 ……………………………………………………………………（62）
 第二节 成矿岩体岩石地球化学 …………………………………………………………（67）
 第三节 成矿流体性质 ……………………………………………………………………（72）
 第四节 成矿物质来源 ……………………………………………………………………（77）
 第五节 矿床成因 …………………………………………………………………………（80）

第七章 桃林铅锌铜多金属矿成矿作用及成因 …………………………………………（81）
 第一节 成岩成矿时代 ……………………………………………………………………（81）

第二节　成矿岩体岩石地球化学 …………………………………………………（86）
   第三节　成矿流体性质 ……………………………………………………………（90）
   第四节　成矿物质来源 ……………………………………………………………（95）
   第五节　矿床成因 …………………………………………………………………（98）
第八章　栗山铅锌铜多金属矿成矿作用及成因 ………………………………………（100）
   第一节　成岩成矿时代 ……………………………………………………………（100）
   第二节　岩浆岩岩石地球化学 ……………………………………………………（115）
   第三节　成矿流体性质 ……………………………………………………………（122）
   第四节　成矿物质来源 ……………………………………………………………（126）
   第五节　矿床成因 …………………………………………………………………（130）
第九章　铜铅锌多金属成矿系统 ………………………………………………………（132）
   第一节　成矿系统划分 ……………………………………………………………（132）
   第二节　成矿要素 …………………………………………………………………（134）
   第三节　成矿作用过程 ……………………………………………………………（156）
   第四节　成矿产物 …………………………………………………………………（157）
   第五节　成矿后的变化 ……………………………………………………………（158）
   第六节　成矿模式 …………………………………………………………………（158）
   第七节　找矿方向建议 ……………………………………………………………（159）
结　论 ……………………………………………………………………………………（162）
主要参考文献 ……………………………………………………………………………（164）

第一章 研究现状

第一节 成矿作用与成矿系统理论研究

成矿作用研究是矿床地质学的核心内容之一,也是成矿系统研究的重要基础,对深入认识矿床成因、形成机理与过程,分析区域成矿规律,指导矿产勘查和矿业开发等具有重要意义。成矿作用是成矿物质由分散到富集并形成矿床的过程(翟裕生,1996),包括将分散存在的有用物质(化学元素、矿物、化合物)富集而形成矿床的各种地质作用。随着对单个矿床成矿作用研究的持续深入,人们开始对相同成矿地质条件下形成的相似矿床进行横向对比,从而形成了区域成矿及成矿系列(程裕淇等,1979,1983;陈毓川,1994,1997;陈毓川等,2006)、成矿系统(侯增谦等,1998;翟裕生等,1999b,1999c,2000b;芮宗瑶等,2002;姚书振等,2002;张德全等,2003;李俊健,2006;翟裕生等,2007;周琦等,2013;杨立强等,2014)、成矿模式(汤中立,1990;朱裕生,1993,1995;陈柏林等,1999;孙景贵等,2000;芮宗瑶等,2006;陈衍景,2006;许德如等,2008;蒋成兴等,2013;周涛发等,2017;赵静等,2018)等重大理论新认识,奠定了区域成矿学的科学思想。

区域成矿学是研究区域成矿环境、成矿条件、成矿过程和成矿演化,阐明矿床的时空分布规律的地球系统科学的一门分支学科(翟裕生等,1999a),是成矿系统理论体系的理论精华。为进一步加强区域成矿学理论应用,翟裕生等(1999a)编著的《区域成矿学》全面介绍了区域成矿学研究工作的对象、内容、方法、历史和思路,详细阐述了区域成矿学理论及实践经验,是当前区域矿产普查找矿的理论基础,也是地球系统科学的重要组成部分。

成矿系统是当今矿床学研究的一个重要课题,是矿床学向系统化发展的一种趋势,它已成为区域成矿学的主体部分。成矿系统的理论起源可追溯至20世纪初期De Launay提出的"Metallogeny"以及20世纪70年代俄文版《地质辞典(卷二)》中的"Metallogenic system, Ore-forming system",表明它是"由成矿物质来源、运移通道和矿化堆积场所组成的一个自然系统"。我国矿床学界也从不同角度对成矿系统开展了长期深入的探索。翟裕生(1994)提出要根据矿床地质学特点建立系统观念。李人澍(1996)指出,成矿系统是与矿体生成有联系的中间产物,反映成矿作用的各种指示物,以及卷入成矿系统空间的自然体系的总和。於崇文(1998)认为"成矿系统是一个多组成耦合和多过程耦合的动力学系统,是构造矛盾的统一整体"。翟裕生(1999b)明确定义了成矿系统的含义,提出"成矿系统是指在一定的时-空域中,控制矿床形成和保存的全部地质要素和成矿作用动力过程,以及所形成的矿床系列、异常系列构成的整体,是具有成矿功能的一个自然系统",指出了成矿系统的"控矿要素、成矿作用过程、形成的矿床系列和异常系列、成矿后变化和保存"4个方面的重要内容。近年来，我国地质学家又对成矿系统的内容进行了深入探讨，从成矿系统的理论认识，逐步延伸到找矿勘查工作中的成矿预测（翟裕生，2000a）、找矿实践、资源与环境，乃至由地球系统、成矿系统理论发展至勘查系统的新认识（翟裕生，2007），并指出成矿系统是地球系统的一部分（翟裕生等，2010），对勘查系统起着至关重要的作用，并期望成矿系统的研究在当前的找矿实践中能发挥越来越重要的指导作用。

随着人们对成矿系统研究的逐步深入，越来越多的学者关注到多金属成矿系统，尤其是斑岩型-浅成低温热液型的铜钼金多金属成矿系统、斑岩型-矽卡岩型-热液脉型铁铜钼铅锌多金属成矿系统等，并探讨了多金属区域成矿系统的构建及其主要特征。如王治华等（2012）研究认为云南马厂箐铜钼金多金属矿田，在岩体中形成斑岩型铜钼矿床，在岩体与地层内外接触带形成接触交代型（角岩型、矽卡岩型）铜钼（铁）矿床，在岩体外围地层中形成浅成低温热液型金铅锌矿床，共同构成与富碱斑岩有关的浅成低温热液-斑岩型铜钼金多金属成矿系统；顾雪祥等（2014）指出，新疆西天山博罗科努成矿带存在与中酸性侵入岩有关的矽卡岩-斑岩-热液脉型铁、铜、钼、铅、锌成矿系统，其中，矽卡岩型铁铜矿床主要产于中酸性侵入岩与奥陶纪碳酸盐岩的内外接触带，斑岩型铜钼矿床产于中酸性侵入岩体的顶部以及与志留纪细碎屑岩的接触带附近，热液脉型铅锌银矿床产于远离岩体的志留纪细碎屑岩的构造破碎带中；顾雪祥等（2016）还指出，西天山吐拉苏地区也发育与中酸性火山-次火山岩有关的浅成低温热液-斑岩型金多金属成矿系统；王勤等（2019）最新研究认为，西藏多龙矿集区内斑岩型、隐爆角砾岩筒型、浅成低温热液型等3种共生矿床类型属同一岩浆-热液成矿系统，并构建了多龙矿集区区域成矿模式；赵新福等（2019）认为华北克拉通南缘中生代脉状金矿床（石英脉型、构造蚀变岩型）、斑岩型钼矿床、脉状银铅锌矿床，共同受中国东部早白垩世大规模伸展作用及其导致的岩浆作用控制，组成了一个巨型的大规模岩浆-热液成矿系统。我国独立钴矿较为稀少，故目前关于钴多金属矿成矿系统的研究较少。潘彤（2005）研究了东昆仑成矿带肯德可克钴铋金矿、驼路沟钴金矿、督冷沟铜钴矿等矿床地质特征，明确提出了矿床成因分别为热水喷硫（矿源层）+热水叠加改造型、热水沉积-改造型、热液脉型，并建立了东昆仑成矿带钴矿成矿系列和成矿模式，对本次湘东北地区含钴多金属矿床的综合研究具有科学指导作用。

最近20年来，我国地质学、矿床学相关学者，把成矿系统理论运用到矿床学研究、找矿勘查实践等领域中，在不同地区开展了大量区域成矿综合研究与实践工作，并取得了系列重要成果。如刘建明等（2004）研究大兴安岭区域成矿特征，将该地区划分4个成矿带，总结华力西期、燕山期等两期主要成矿期，归纳了与古生代火山沉积盆地演化有关的海底热液喷流沉积成矿系列、与燕山期和华力西期火山岩浆侵入作用有关的热液成矿系列等两大主要成矿系列；李俊健（2006）研究阿拉善地块地质背景演化，并分析区域成矿作用，获得了该地区基础地质、矿床地质、同位素地质、成矿系统、成矿规律、成矿预测等一系列新的认识，为阿拉善地区矿产资源勘查工作部署提供了科学指导；卢映祥等（2009）将东南亚中南半岛成矿带划分为5个一级成矿省和19个二级成矿带，并分析区域成矿特征，提出古老陆核结晶基底区可以形成沉积变质型铁、铜和稀土金属矿床，板（断）块结合带形成与基性—超基性岩浆活动有关的铬铁和铜镍硫化物矿床，板内沉积凹陷区能够形成盐类矿床，造山带演化各个阶段可以形成与花岗质岩浆侵位及相关活动有关的斑岩型铜金矿床、热液型铅锌矿床、热液脉状金矿及钨锡矿床等,对重要区域成矿规律有了新认识,为我国西南"三江"成矿带寻找类似矿床提供了新启示;陈毓川等(2014)研究华南地区成矿地质构造环境,按地质构造单元及环境、岩浆成矿作用专属性、有成因联系矿床的组合等特征,将华南中生代繁多的矿床,划分出5个矿床成矿系列,总结了各系列的地质特征、边界及部分过渡、重叠单元的特征,将整个华南地区的区域成矿学研究提升到了新的高度。

第二节 湘东北地区典型矿床成矿作用研究

典型矿床成矿作用的综合研究,是支撑研究区成矿系统构建的重要基础。目前,湘东北地区已发现一大批铜铅锌钴等多金属矿床,如桃林铅锌铜多金属矿床(闫廉泉,1957;王育民,1958;王卿铎等,1978;魏家秀等,1984;Ding et al,1984;张九龄等,1987,1989;傅昭仁等,1991;李先富等,1991;李先福等,1992;喻爱南等,1992,1993,1998a,1998b;邹正光,1993;张鲲等,2012;颜志强等,2015,2017;康博等,2015)、栗山铅锌铜多金属矿床(宁钧陶等,2008;康博等,2014;张鲲等,2015,2017;陕亮等,2017;郭飞等,2018)、井冲铜钴铅锌多金属矿床(宁钧陶,2002;易祖水等,2008,2010;王智琳,2015a,2015b;Wang et al,2017;张鲲等,2019)、七宝山铜(金)多金属矿床(易琳琪等,1982;梁荣桂等,1983;陆玉梅等,1984;陈蓉美等,1985;韩公亮等,1985;孙敏云等,1985;何泗威等,1985,1986,1993;曹兴男等,1987;盛兴土等,1989;黎定煊,1992;符巩固,1998;胡祥昭等,2000,2002,2003;杨中宝等,2002,2004;胡俊良等,2012,2015,2016,2017;郑硌等,2014;杨荣等,2015;吴俊等,2016;Zhao et al,2017;Yuan et al,2018)等。相关地勘单位、专家学者对研究区上述典型矿床,先后不同程度地开展了地质特征、成岩-成矿时代、成矿物质来源、成矿流体性质、成矿机制等科学问题的研究,取得了重要进展,为笔者进一步探讨研究区铜铅锌钴多金属成矿系统奠定了重要工作基础。

一、七宝山铜(金)多金属矿

易琳琪等(1982)、梁荣桂等(1983)、陈蓉美等(1985)、韩公亮等(1985)、孙敏云等(1985)、何泗威等(1985,1986,1993)、曹兴男等(1987)、盛兴土等(1989)、黎定煊(1992)、符巩固(1998)、胡祥昭等(2000)、杨荣等(2015)、吴俊等(2016)先后分析了七宝山铜(金)多金属矿的地层、构造及岩浆岩特征与控矿规律,总结了矿床地质特征。胡祥昭等(2003)、杨中宝等(2002,2004)初步研究了矿区流体包裹体地质特征及成矿流体性质,表明成矿温度约287℃,具高中温性质;流体成分主要为H_2O,其次为CO_2,成矿流体可能源于岩浆热液。胡俊良等(2012,2015,2016,2017)从岩石学角度探讨了矿区石英斑岩的岩石地球化学特征,认为它属于高钾铝饱和亚碱性到弱碱性岩石,岩浆源区主要为地壳物质部分熔融,属壳幔同熔型花岗岩,锆石U-Pb年代学定年结果在150Ma左右,硫化物硫同位素指示成矿物质来源为岩浆,但存在部分岩石地球化学样品有不同程度的蚀变、锆石年代学的测试精度不够等问题。郑硌等(2014)重点研究了矽卡岩地质地球化学特征,认为属于钙矽卡岩和镁矽卡岩共生型矿床,并提出矿区花岗岩是幔源岩浆与上地壳物质同熔混染的产物,成矿物质主要来自岩浆,成矿流体为岩浆水,为矿床成因分析奠定了重要的物质组分基础与矿床成因参考。Zhao 等(2017)及 Yuan 等(2018)采用锆石 LA-ICP-MS 和 SIMS U-Pb 法及辉钼矿 Re-Os 法系统地研究了矿区成岩-成矿年代学,得出的结论与胡俊良等(2012,2015,2016)基本一致,但分析测试数据精度明显有所提高。

二、井冲铜钴铅锌多金属矿

丰成友等(2002,2004)、潘彤(2003,2005)、张福良等(2014)先后研究表明,钴是发展战略性新兴产业重要矿产资源,具有耐高温、耐腐蚀、高强度和强磁性等特点,广泛用于航空、航天、电器、机械制造、化学和陶瓷等工业,在国民经济和社会发展中具有特殊意义。但钴资源十分稀少,主要由于它具有强迁移能力,故在地壳中 90% 呈分散状态;又由于它固有的亲铁亲硫双重性,所以多以伴生金属产出,很少形成独立的或以钴为主的工业矿床。湘东北地区横洞钴多金属矿床是为数不多的以钴为主的矿床。

宁钧陶等(2008)分析了研究区内原生钴矿成矿地质背景和成矿有利条件,认为长平断裂带是重要的控岩控矿构造,层间构造为容矿构造,连云山花岗岩提供了物质和动热来源,脆性围岩为赋矿层位。易祖水等(2008,2010)介绍了井冲矿区地层、构造、岩浆岩展布特征及矿体地质特征概况。张鲲等(2019)基于花岗岩锆石岩石地球化学、U-Pb 测年和 Hf 同位素约束,得出矿区岩浆岩形成时代为 149Ma、岩石属强过铝质高钾钙碱性-钙碱性系列、岩浆起源于下地壳岩石部分熔融等结论。易祖水等(2010)初步获得矿区硫化物 $\delta^{34}S$ 值范围为 $-4.5‰\sim0.2‰$,认为这种变化较小且接近零值的同位素特征暗示成矿流体主要来自岩浆热液。周岳强等(2017)简要分析了矿区成矿流体性质,发现包裹体类型主要为气液两相,粒径大小主要为 $3\sim30\mu m$,呈次圆状、椭圆状或不规则状,均一温度 $158\sim300℃$,盐度 $1\%\sim15.3\%NaCleqv$,密度 $0.78\sim1.00g/cm^3$,属于中低温、中低盐度、低密度性质的流体。王智琳等(2015a)通过氢氧同位素示踪成矿流体来源判断它主要来自岩浆,同时有大气降水的加入。王智琳等(2015b)、Wang 等(2017)、刘萌等(2018)研究了矿床中绿泥石、黄铁矿和黄铜矿的矿物学特征,表明绿泥石有蠕绿泥石-鲕绿泥石、富铁的鲕绿泥石,形成机制包括长石、黑云母等富铝硅酸盐矿物蚀变形成和富铁流体结晶作用等 2 种;黄铁矿主要分为 3 种类型,黄铜矿主要分为 2 种类型,并根据电子探针分析等精细刻画了成矿作用过程,并基于矿区矿化特征及 S-Pb-He-Ar 等多元同位素约束,探讨了钴的可能来源,基于绿泥石经验温度计探讨了成矿温度,为矿床的成矿作用研究提供了矿物学定量和定性数据参考,提出井冲矿床是位于弧后伸展环境下的与晚石炭世—早侏罗世连云山侵入活动相关的岩浆热液成矿系统。井冲铜钴铅锌多金属矿与邻区横洞矿床成矿地质特征极为相似,邹凤辉等(2015,2017)、Zou 等(2018)开展了横洞钴矿的地质特征、成因矿物学和成矿流体研究,提出了与井冲相似的矿床地质特征,钴可能主要以类质同象存在于硫化物晶格,成矿流体环境属中高温,流体主要来自岩浆岩并混有地壳组分;基于成矿时间先后关系将矿床的成矿时代限制于 $145\sim130Ma$,并提出横洞矿床属于中高温热液改造型,为井冲矿床成矿作用探讨提供了重要参考依据。

三、桃林铅锌铜多金属矿

阎廉泉(1957)、张九龄等(1989)、李先富等(1991)、傅昭仁等(1991)、李先福等(1992)、喻爱南等(1992,1993,1998a,1998b)、邹正光(1993)等先后详细研究了桃林铅锌铜多金属矿的地质特征,特别是矿区地层、构造、岩浆岩及矿体、矿石等地质特征,为本书研究奠定了重要基础。张鲲等(2012)初步研究了矿区黑云母二长花岗岩岩石地球化学特征,推测它具有 C 型埃达克岩特征。王卿铎等(1978)、魏家秀等(1984)、Ding 等(1984)先后开展矿床成矿物质来源及成矿物理化学条件分析,认为成矿温度主要是中高温,成矿流体性质是由早期岩浆水被晚期卤水和大气降水逐步混合造成的,为笔者进一步开展成矿物理化学条件分析及成矿流体性质综合分析奠定了初步基础。王育民(1958)、张九龄等(1987)、张乐凯(1994)、颜志强等(2015,2017)、康博等(2015)结合相关研究认识,不同程度地开展了矿床成因综合,基本一致的认为矿床为岩浆热液充填型,并提出了成矿模式,为本书研究提供了良好的信息参考。

四、栗山铅锌铜多金属矿

宁钧陶(2008)及康博(2014)详细研究了栗山铅锌铜多金属矿地质特征和控矿因素。张鲲等(2017)及陕亮等(2017)分析了矿区重要岩浆岩的岩石地球化学、年代学和 Lu-Hf 同位素特征,初步识别出新元古代(838Ma)及燕山期(132Ma)至少存在两期岩浆活动,开展的岩石地球化学研究,表明该花岗岩为强过铝质钙碱性系列,富集 U 元素以及 Ta 和 Pb,亏损 Ba、Nb、Sr、Zr、Ti 等元素,稀土元素配分模式右倾,具有弱负 Eu 异常,物质来源于中元古代古老地壳岩石部分熔融,认为可能是由于中下地壳的熔融岩浆形成后少量幔源物质混入并上侵形成的。张鲲等(2015)研究了矿区矿石及岩浆岩、围岩等的稀土元素特征,认为该矿床成矿与岩浆作用相关;通过矿石硫化物单矿物的硫同位素特征推测成矿物质主要来自上地幔或下地壳的深源岩浆。郭飞等(2018)开展了矿区矿化特征研究,尤其是对绿泥石矿物的详细电子探针分析,将矿床划分为 4 个成矿阶段,提出早期绿泥石为蠕绿泥石,中晚期绿泥石为鲕绿泥石-铁镁绿泥石,并根据绿泥石温度估算了成矿温度为 212~280℃,结合闪锌矿硫逸度提出矿床形成于中温、低氧逸度、低硫逸度环境,硫同位素研究表明成矿流体主要来源于岩浆热液,与张鲲等(2015)的结论一致,初步提出了矿床成因为中温岩浆热液充填型。

第三节 湘东北地区铜铅锌成矿系统研究

关于湘东北地区铜铅锌成矿系统的综合研究,目前国内尚未见到公开的成果报道。然而,许多专家学者对湘东北地区铜铅锌多金属区域成矿作用及其基础研究开展了相应的多方面探索,为研究区的成矿系统综合研究奠定了重要基础。

关于研究区大地构造背景,由于湘东北地区是钦杭成矿带(江南造山带)的中段部分,随着该成矿带东段成矿地质背景认识的逐渐趋于一致,学者们认为是中—新元古代华南洋向扬子陆块俯冲形成的"岛弧褶皱带"或"多岛弧盆系",且认为晋宁运动使华南洋消失并形成江绍缝合带,但受制于西段地质演化历史综合研究相对不够,对于西段走向仍存在不少困惑(水涛，1987；杨明桂等，1997；柏道远等，2010；毛景文等，2011；徐德明等，2012，2015；周永章等，2013，2017），特别是赵小明等（2015）指出，对该成矿带西段构造展布方向存在多种推测，在湖南境内有4种认识，在更西段的广西境内更是有10种之多，短期内难以形成统一认识，这与中段湘东北地区的成矿地质背景认识深化有一定的关联。

关于研究区的成矿地质条件，湖南省地质矿产局（1998）、湖南省地质矿产勘查开发局（2012）、湖南省地质调查院（2012，2017）等先后在编制湖南省地质志过程中对研究区地层、构造及岩浆岩等地质背景特征开展了系统梳理。许德如等（2017a）研究了地质构造演化过程与地球动力学背景，探讨了其与铜多金属成矿的关系。Xu等（2017a，2017b）进一步分析了华南燕山期造山作用及相关成矿作用，认为晚中生代燕山造山运动是我国重要的构造热事件之一，为系统开展研究区区域成矿作用研究提供了重要的参考。李鹏春等（2006）集中研究了研究区内显生宙以来的岩浆活动，分析了加里东期、印支期和燕山期主要花岗岩体的构造地质学、岩石学、元素地球化学和同位素地球化学特征，探讨了花岗岩源区、成因机制、深部动力学过程及构造演化等问题，为岩浆岩特征分析提供了重要依据。彭和求等（2004）、石红才等（2013）分别以望湘岩体、幕阜山岩体为对象，开展热年代学研究，并提出了地壳隆升的主要过程与速率、幅度等的关系，为深化研究区区域成矿规律认识提供了重要参考。刘妘群等（2001）对研究区斑岩型和热液脉型铜矿的成矿物质来源规律进行了综合分析，认为主要来自深部岩浆分异演化并析出的含矿流体，为区域成矿物质来源研究提供了比对依据。童潜明（1998，2008）分析了研究区金铜多金属矿的形成条件，发现它具有形成大型至超大型金铜多金属矿床的条件，并指出文家市镇地区是有利部位。

第四节　存在主要问题

（1）湘东北地区铜铅锌多金属矿床是否为一个统一成矿系统的产物？目前，研究主要还是针对单个矿床的典型解剖与成矿作用的分析，但缺乏对区域铜铅锌钴多金属成矿作用和成矿系统的综合研究，致使"研究区铜铅锌钴多金属矿床是否为一个统一成矿系统的产物"尚无明确答案。

（2）湘东北地区铜铅锌多金属矿床成矿时代是否一致？区域成矿作用研究需要查清典型矿床的形成时代与动力学背景。研究区的成矿地质背景表明，湘东北地区已发现大量相似背景下铜铅锌多金属矿床，尽管个别矿床已有相关研究进展和结论，但这些矿床形成的成矿时代是否一致，也尚无明确答案。

（3）湘东北地区铜铅锌多金属矿床的物质来源、流体性质是否一致或存在差异？区域成矿作用与成矿规律研究，需要进一步分析研究区内典型矿床的成矿机理，特别是成矿物质来源、成矿流体的物理化学条件、性质及演变等成矿特征，尽管个别矿床目前在成矿物质来源和流体性质研究方面取得了不同程度的进展，但区域成矿规律是否一致或存在差异，仍不清楚。

第二章 区域成矿地质背景

湘东北地区位于江南造山带中段,属于扬子陆块、华夏陆块的裂解、碰撞和贴合部位,地层出露齐全,岩浆活动强烈,构造演化复杂,成矿地质背景良好(图2-1)。

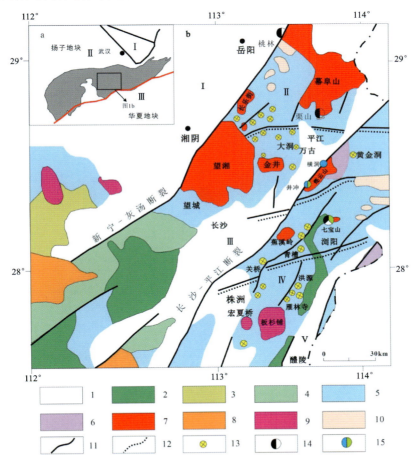

图2-1 湘东北地区地质矿产简图(a.据陈俊等,2008;b.据湖南省地质矿产勘查开发局,1988修改)
a.灰色区域代表江南造山带,红线代表江山-绍兴断裂;Ⅰ.秦岭-大别造山带;Ⅱ.扬子地块;Ⅲ.华夏地块。b.1.第四系—白垩系;2.中三叠统—中泥盆统;3.志留系—震旦系;4.新元古界板溪群;5.新元古界冷家溪群;6.古元古界—新太古界连云山杂岩;7.晚中生代花岗质岩;8.早中生代—晚古生代花岗质岩;9.早古生代花岗质岩;10.元古宙花岗质岩;11.断裂;12.韧性剪切带;13.金矿;14.铅锌多金属矿床;15.铜钴多金属矿床;Ⅰ.洞庭断陷盆地;Ⅱ.幕阜山-紫云山断隆;Ⅲ.平江-长沙断陷盆地;Ⅳ.连云山-衡阳断隆;Ⅴ.醴陵-攸县断陷盆地

第一节 区域地层

湘东北地区地层出露总体连续,前寒武纪地层至第四纪地层均有出露,但中间部分地层缺失。出露的地层主要包括新元古界青白口系、古生界寒武系、中生界白垩系、新生界古近系、新生界新近系和第四系等。新元古界主要分布有青白口系仓溪岩群、冷家溪群、板溪群,南华系,震旦系等(湖南省地质调查院,2002,2004),其中冷家溪群占湘东北地区地层出露的主体(图2-1,表2-1)。古生界出露寒武系,缺失志留系、奥陶系;中生界和新生界均有不同程度的发育(表2-1)。地层由老至新简述如下。

表 2-1 湘东北地区地层顺序表(据李鹏春,2006;湖南省地质调查院,2002,2004)

界	系	统	阶	组	代号	厚度/m
新生界	第四系	全新统			Qh	0~16
		更新统			Qp	0~66
	古近系	古新统		枣市组	E_1z	>1000
中生界	白垩系	上统		分水坳组	K_2f	>945
				戴家坪组	K_2d	100~>1310
		下统		神皇山组	K_1s	0~850
	侏罗系	中统		跃龙组	J_2y	>290
		下统		高家田组	J_1g	593
	三叠系	上统		石康组	T_3sk	190~220
				三丘田组	T_3s	410~514
				安源组	T_3a	400
		下统		大冶组	T_1d	250
古生界	二叠系	上统		长兴组	P_2c	40~124
				龙潭组	P_2l	25~98
		下统		茅口组	P_1m	322
				栖霞组	P_1q	170
	石炭系	上统		船山群	C_3CH	357
		中统		黄龙群	C_2HN	337
		下统	大塘阶		C_1d	18~250
	泥盆系	上统	锡矿山阶	岳麓山—锡矿山组	D_3y-x	95~250
			佘田桥阶	佘田桥组	D_3s	182~389
		中统	东岗岭阶	棋梓桥组	D_2q	224~537
				跳马涧组	D_2t	124~229
	寒武系	上统		探溪组	ϵ_3t	81
				污泥塘组	ϵ_2w	104
		下统		牛蹄塘组	ϵ_1n	250

续表 2-1

界	系	统	阶	组		代号	厚度/m
新元古界	震旦系			留茶坡组		Z_2l	30～214
				金家洞组		Z_1j	
	南华系			南沱组		Nh_2n	45～657.9
				大塘坡组		Nh_1d	
				富禄组		Nh_1f	
	青白口系			板溪群	渫水河组	$Qb_{\cdot}xs$	240～260
					张家湾组	$Qbzj$	>184.5
				冷家溪群	大药姑组	Qbd	>730.2
					小木坪组	Qbx	926.5～1 876.7
					黄浒洞组	Qbh	902.3～3 667.7
					雷神庙组	$Qbls$	1 432.5
					潘家冲组	Qbp	2 067.0
					易家桥组	Qby	1 574.9～2 722.0
				仓溪岩群	雷公糙岩组	$Qblg$	<4 180.0
					砺木冲岩组	Qbz	
					陈家湾岩组	$Qbch$	
					枫梓冲岩组	Qbf	
					南棚下岩组	Qbn	
					清风亭岩组	Qbq	

一、新元古界

1. 青白口系

1）仓溪岩群

仓溪岩群主要出露于浏阳市文家市镇清江水库至仓溪一带，出露面积约150km²，周边被断层围限，主要以两个相隔约15km、北东走向呈岩片形式的构造就位于新元古界冷家溪群中。它主要由南棚下岩组、枫梓冲岩组、陈家湾岩组、砺木冲岩组等组成。其中南棚下岩组是绿灰色、灰绿色绿帘阳起片岩、阳起绿帘片岩；枫梓冲岩组是青灰色、浅黄灰色绢云千枚岩、石英绢云微晶片岩；陈家湾岩组是以灰色长石二云石英片岩、长石二云母片岩、绿泥石英片岩、(黝帘)阳起石英片岩为主夹1～2层阳起大理岩、似层状斜长角闪岩；砺木冲岩组是浅绿灰色、灰绿色透闪阳起片岩夹透闪片岩、斜长角闪片麻岩、糜棱岩化斜长角闪片岩。该岩群主体是由变沉积岩和变火成岩两大套岩石类型组成的(湖南省地质调查院，2002)。

2)冷家溪群

该地层在区域上广泛出露,是区内的主要地层,约占全区面积的60%,是湖南省内出露较好的成层有序地层,它指位于武陵运动不整合面之下的一套由灰色至灰绿色绢云母板岩、条带状板岩、粉砂质板岩与岩屑杂砂岩、凝灰质砂岩组成的复理石韵律特征浅变质岩系,局部夹有变基性-酸性火山岩系(湖南省地质调查院,2012),已知最大厚度达25km。湖南省地质调查院(2012)、孙海清等(2012)将冷家溪群重新划分为上、下两个部分:下部分为易家桥组、潘家冲组、雷神庙组;上部分为黄浒洞组、小木坪组、大药菇组(表2-2)。

表2-2 冷家溪群年代地层格架

岩石地层		同位素年龄/Ma	
冷家溪群	大药姑组	—	—
	小木坪组	锆石SHRIMP U-Pb(斑脱岩)	(822±10)(高林志等,2011)
	黄浒洞组	锆石SHRIMP U-Pb(凝灰岩)	(829±13)(湖南省地质调查院,2012)、(837±11)(高林志等,2010)
	雷神庙组	锆石SHRIMP U-Pb(凝灰岩)	(822±11)(高林志等,2011)
	潘家冲组	锆石SHRIMP U-Pb(斑脱岩)	(831±10)(高林志等,2010)
	易家桥组	锆石SHRIMP U-Pb(凝灰岩)	(862±11)(孙海清等,2012)

易家桥组(Qby):覆于潘家冲组的灰色、深灰色薄—中层粉砂质板岩夹薄层状板岩、粉砂岩之下的绿泥石千枚岩、绢云母千枚岩夹凝灰岩。下部为灰色、灰绿色中—厚层状浅变质细粒长石石英杂砂岩、浅变质细砂质粉砂岩,往上薄—中层状变质凝灰岩夹硅质枚岩;中部主要为薄—中层状含粉砂质绢云母千枚岩、绿泥石千板岩;上部为灰色、深灰色薄—中层状粉砂质绢云母千枚岩、绿泥石千枚岩夹变质细砂岩与变质晶屑岩屑火山凝灰岩。孙海清等(2012)获得该组锆石SHRIMP U-Pb年龄(862±11)Ma。该组与下伏地层整合接触。

潘家冲组(Qbp):指整合于易家桥组之上、伏于雷神庙组之下的灰色浅变质砂质粉砂岩、岩屑杂砂岩与千枚状板岩、粉砂质板岩、钙质板岩,底部局部可见含砾岩屑杂砂岩组合体。下部为灰色浅变质中—厚层状岩屑杂砂岩、浅变质细砂岩、砂质粉砂岩。上部为青灰色、灰绿色局部黑灰色薄中层状千枚状板岩、砂质板岩夹浅变质岩屑杂砂岩、不等粒砂质粉砂岩及大理岩化白云岩。高林志等(2010)在湖南省临湘横铺冷家溪群潘家冲组凝灰岩获得锆石SHRIMP U-Pb年龄(831±10)Ma。该组与下伏地层整合接触。

雷神庙组(Qbl):指一套区域变质的灰绿色、灰色厚层状绢云母、条带状砂质板岩夹量薄层状含砾岩屑变杂砂岩—细砂质变粉砂岩及含钙质团块或条带的绿泥石板岩组合体。顶部与上覆的黄浒洞组整合接触。下部以一套灰绿色中—厚层状板岩、条带板岩、粉砂质板岩为主,夹少量浅变质砂质粉砂岩。上部以一套灰色薄层状板岩、条带状板岩为主。高林志等(2011)在湖南省临湘陆城获得冷家溪群雷神庙组凝灰岩锆石SHRIMP U-Pb年龄为(822±11)Ma。该组与下伏地层整合接触。

黄浒洞组(Qbh):指位于冷家溪群雷神庙组之上、小木坪组之下的以一套区域浅变质的岩屑杂砂岩、岩屑石英杂砂岩为主并夹有砂板岩、泥质粉砂岩、粉砂质细砂岩、条带状粉砂质板岩、绢云母板岩的地层。与上、下层均为整合接触。该组为一套斜坡浊积杂砂岩，有别于其他地层。下部为以灰绿色、灰色中—块状浅变质岩屑杂砂岩、岩屑石英杂砂岩为主夹薄层板岩、粉砂质板岩、砂质粉砂岩的地层。中上部为灰绿色板岩、条带状板岩夹薄—中层状浅变质岩屑杂砂岩、粉砂质细砂岩、泥质粉砂岩的地层。上部为灰绿色中—厚层状、块状浅变质岩屑杂砂岩、岩屑石英杂砂岩、石英杂砂岩等，与中厚层状板岩、粉砂质板岩构成明显的韵律层系。湖南省地质调查院(2012)在临湘刘家冷家溪群黄浒洞组凝灰岩中获锆石 SHRIMP U-Pb 年龄(829±13)Ma；高林志等(2010)在临湘羊楼司获得冷家溪群黄浒洞组凝灰岩锆石 SHRIMP U-Pb年龄(837±11)Ma。该组与下伏地层整合接触。

小木坪组(Qbx)：指以与上覆小木坪组、下伏黄浒洞组均呈整合接触的一套灰色、灰绿色条带状粉砂质板岩、砂质板岩、绢云母板岩为主，偶夹由薄—中层状岩屑杂砂岩的浅变质岩组成的地层。在湘东一带，该组下部是以条带状砂质板岩与绢云母板岩互层为主，偶夹由薄—中层状粉砂质细砂岩、岩屑杂砂岩；上部为一套灰色、深灰色条带状粉砂质板岩、条带状砂质板岩与单层仅 1～10cm 厚的粉砂质细砂岩、岩屑杂砂岩呈 0.2～0.4m 厚的往复式韵律层。在桃江、桃源一带，该组以灰绿色薄—中层条带状板岩、条带状粉砂质板岩为主，夹少量浅变质薄—中层状浅变质砂质粉砂岩，且由下往上，碎屑岩逐渐减少。该组以板岩占绝对优势，以单层厚度较薄为特征，板岩单层厚度 5～15cm，大部分板岩发育水平纹层。粉砂岩多呈单层状往复多次出现，单层厚度一般为 5～7cm，底面发育侵蚀构造与火焰状构造，具低密度浊积岩特征与复理式韵律结构。高林志等(2011)认为该组斑脱岩锆石 SHRIMP U-Pb 年龄为(822±10)Ma。该组与下伏地层整合接触。

大药姑组(Qbd)：下部为灰绿色薄—中层状浅变质含砾细砂岩，夹薄层状和条带状粉砂质板岩、砾岩。上部为灰绿色薄—中层状板岩、条带状板岩、条带状凝灰质板岩，夹多套浅变质中粗粒岩屑杂砂岩、砾质岩屑杂砂岩及砾岩，层理较清楚。本组属于沉积盆地的萎缩期或进入萎缩期的沉积响应，反映水动力条件是阵发性快速流动机制，应该属于海底斜坡扇浊流体系。该组与下伏地层整合接触。

3)板溪群

该群主要出露于跃龙以西地区，为滨海-陆棚相碎屑岩、黏土岩、碳酸盐岩及少量火山碎屑岩，并经受浅变质作用。岩性为紫红色砂质板岩、条带状板岩、灰白色石英砂岩、长石石英砂岩、灰绿色条带状板岩、凝灰质板岩夹凝灰岩，其中底部为含砾板岩、含砾砂岩、砾岩。

2. 南华系

南华系主要分布于岳阳及平江等地区，为一套在严寒气候条件下形成的冰碛岩建造，偶见基性火山岩，主要为大陆冰川沉积型和海洋冰川沉积型的冰碛砾泥岩、冰碛砾粉砂岩，夹少量间冰期的碳泥质岩，以及含锰碳酸盐岩。全系厚多为 45～658m。该地层与上覆震旦系整合接触，一般与下伏板溪群呈假整合或局部不整合接触；系内个别组间尚有呈间断关系的。由下而上，该地层依次划分为富禄组、大塘坡组和南沱组。

3. 震旦系

震旦系零星分布于浏阳七宝山、永和、枨冲及平江板口等地,属滨岸浮冰相沉积,局部为火山沉积。岩性为灰绿色、紫红色含砾板岩,石英砂岩,冰碛砾岩,碳酸盐岩,硅质岩,板岩,局部为含砾凝灰质砂岩等。该地层与下伏地层呈不整合或假整合接触。岩性为灰岩和泥灰岩夹硅质条带及团块,其中泥灰岩段产海泡石及菊花石。上震旦统下部为潟湖相砂岩、碳质页岩夹可采煤3~8层,与下震旦统呈假整合接触;上震旦统中、上部由台地相厚层灰岩、硅质灰岩夹硅质团块等组成。

二、古生界

1. 寒武系

寒武系主要在平江县板口有小范围出露,为邓里坪向斜的核部,下部为一套海相还原环境沉积的黑色碳泥质硅质岩,上部为碳酸盐岩建造。该地层与震旦系灯影组整合接触(湖南省地质调查院,2012)。

2. 泥盆系

泥盆系主要分布于古港—浏阳市一带及井冲、石塘冲—江背和高坪等地。本系缺失下泥盆统,中泥盆统—上泥盆统为一套滨海-台盆相沉积,岩性为青灰色页岩、砂岩、粉砂岩、砂质页岩、灰岩及白云岩等,底部为砾岩、砂砾岩。该地层与下伏地层呈角度不整合接触。本次研究过程中,井冲铜钴铅锌多金属矿区出露泥盆系跳马涧组,主要由一套砂质页岩、砾岩、板岩,并经构造热液蚀变作用形成的硅质构造角砾岩、石英构造角砾岩、硅质岩、绿泥石硅质岩、绿泥石岩、硅质绿泥石岩、混合岩化绿泥石化硅质岩等多种岩体组成。岩体节理裂隙发育,网脉状石英细脉充填其中,主要发育黄铁矿化、黄铜矿化、铅锌矿化等,地表具褐铁矿化。

3. 石炭系

石炭系主要分布于官渡—浏阳市一带及七宝山—永和、高坪等地。下石炭统为滨岸陆屑沉积,岩性为粉砂岩、砂岩及砾岩,与下伏地层呈假整合接触;中—上石炭为浅海相碳酸盐岩沉积岩系,由厚层状白云质灰岩、白云岩和灰岩组成,与下石炭统呈假整合接触。本次研究的七宝山矿区,出露石炭系,它又可分为大塘阶和壶天群。其中,下石炭统大塘阶(C_1d)为灰白色石英砾岩,中上石炭统壶天群($C_{2+3}h$,相当于大唐阶之上、栖霞组之下的中石炭统黄龙群及上石炭统船山群,湖南省地质调查院,2012)为灰白色厚层状白云质灰岩、白云岩。该地层与下伏地层呈角度不整合接触。

4. 二叠系

二叠系主要分布于永和、官渡—古港一带及文家市镇等地。下二叠统为浅海相碳酸盐岩沉积,岩性为灰岩和泥灰岩夹硅质条带及团块,其中泥灰岩段产海泡石及菊石(永和)。上二叠统下部为潟湖相砂岩、碳质页岩夹可采煤3~8层,与下二叠统呈假整合接触;上二叠统中、上部由台地相厚层灰岩、硅质灰岩夹硅质团块等组成。

三、中生界

1. 三叠系

三叠系主要见于官渡镇和文家市镇等地，为海湾潟湖相沉积，岩性为黑色粉砂质泥岩、灰白色石英砂岩、砂质泥岩、碳质泥岩和煤层。该地层与二叠系呈假整合接触。

2. 侏罗系

侏罗系主要见于文家市镇及跃龙村等地，高坪—七宝山之间有零星分布。下部为海陆交互相砂泥质沉积，底部为砾岩，与下伏地层呈假整合接触。至中侏罗世后，区内结束了海相沉积的历史，进入陆相沉积阶段，以山间盆地沉积为特色，其沉积岩石为石英砂岩、粉砂岩夹黑色页岩，与下伏地层呈假整合接触。

3. 白垩系

白垩系分布范围广泛，在本次研究的桃林铅锌铜矿、井冲铜钴铅锌多金属矿等出露广泛，栗山铅-锌矿及七宝山铜矿区也有小范围出露。该地层以北东方向断陷盆地湖盆沉积为特色，为一套陆相磨拉石碎屑岩建造，散布于大小不等的盆地中，岩性为紫红色巨厚层状砾岩、砂砾岩夹含砾砂岩、砂质泥岩、钙质泥岩夹钙芒硝和石膏层，局部夹透镜状含铜砂岩。该地层主要为滨湖、浅湖相砂、泥岩，山麓相砾岩，局部夹火山岩和盐湖相膏泥岩，与下伏地层呈角度不整合接触。

四、新生界

1. 古近系和新近系

古近系和新近系主要分布于汨罗凹陷盆地及长沙市南东附近地区，为淡水湖相砂泥岩及盐湖相岩盐、泥膏岩、钙芒硝，局部有碳酸盐岩及油页岩，与下伏地层呈整合接触。

2. 第四系

第四系主要分布于洞庭湖盆地、湘江及其支流和山间谷地，为河湖相砾石层、砂泥层和山间残坡积物堆积。

第二节　区域构造

一、构造单元划分

湘东北地区东至湖南省境外，北以江南断裂与沅潭褶冲带（Ⅳ-4-1-2）分界，西为洞庭盆地并以公田-灰汤断裂与雪峰冲断带(Ⅳ-4-2-3)分界,南以浏阳-新化-城步岩石圈俯冲带与湘桂结合带之醴陵断隆带(Ⅳ-4-3-2)分界(图2-2,表2-3)。根据《湖南省地质志》的构造单元划分方案,湘东北地区一级构造单元属于羌塘-扬子-华南板块(Ⅳ),二级构造单元属于扬子陆块(Ⅳ-4),三级构造单元属于雪峰构造带(Ⅳ-4-2),四级构造单元属于湘东北断隆带(Ⅳ-4-2-4)(湖南省地质调查院,2012)。

由北至南,湘东北地区可进一步划分为5个次级构造单元,分别为洞庭断陷盆地(Ⅰ)、幕阜山-紫云山断隆(Ⅱ)、长沙-平江断陷盆地(Ⅲ)、连云山-衡阳断隆(Ⅳ)、醴陵-攸县断陷盆地(Ⅴ)(图2-1)。其中,洞庭断陷盆地与幕阜山-紫云山断隆之间以新宁-灰汤断裂为界,幕阜山-紫云山断隆与长沙-平江断陷盆地以冷家溪群与长平断陷盆地沉积的白垩系—古近系不整合接触为界,长沙-平江断陷盆地与连云山-衡阳断隆之间以长沙-平江断裂为界,连云山-衡阳断隆与醴陵-攸县断陷盆地之间以醴陵-攸县断裂为界。以上3条断裂将湘东北地区分割成了以"二隆三盆"为特色的雁列式"盆-岭"构造框架。

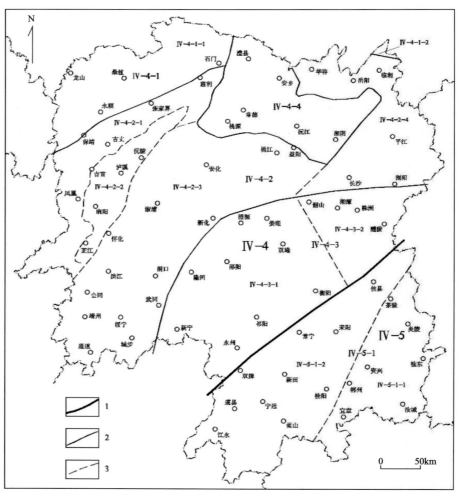

图2-2 湖南省构造单元划分示意图(据湖南省地质调查院,2012)
1.二级构造单元分界线;2.三级构造单元分界线;3.四级构造单元分界线

表 2-3 湖南省构造单元划分方案(据湖南省地质调查院,2012)

一级构造单元	二级构造单元	三级构造单元	四级构造单元
羌塘-扬子-华南板块(Ⅳ)	扬子陆块(Ⅳ-4)	湘北断褶带(Ⅳ-4-1)	石门-桑植复向斜(Ⅳ-4-1-1)
			沅潭褶冲带(Ⅳ-4-1-2)
		雪峰构造带(Ⅳ-4-2)	武陵断弯褶皱带(Ⅳ-4-2-1)
			沅麻盆地(Ⅳ-4-2-2)
			雪峰冲断带(Ⅳ-4-2-3)
			湘东北断隆带(Ⅳ-4-2-4)
		湘桂结合带(Ⅳ-4-3)	邵阳坳褶带(Ⅳ-4-3-1)
			醴陵断隆带(Ⅳ-4-3-2)
		洞庭盆地(Ⅳ-4-4)	
	华南新元古代—早古生代造山带(Ⅳ-5)	湘东南断褶带(Ⅳ-5-1)	炎陵-汝城冲断褶隆带(Ⅳ-5-2-1)
			宁远-桂阳坳褶带(Ⅳ-5-2-2)

二、构造运动

研究区先后经历四堡运动、晋宁运动、加里东运动、华力西—印支运动、燕山运动和喜马拉雅运动等构造运动,主要表现为:元古宇—古生界发生区域变质和变形;不同方向、不同性质和不同样式的构造形迹组合的叠置;发生了多期次岩浆活动,导致大面积晋宁期、加里东期、华力西—印支期、燕山期花岗岩和喜马拉雅期火山岩分布;不同时期的部分地层呈不整合接触,形成中岳构造层、加里东构造层、华力西构造层、燕山构造层和喜马拉雅构造层。

三、断裂

湘东北地区断裂构造发育,规模不等,变形强度不一,形成与演化时间较长,主要发育北东向、近东西—北东东向、南北向3组断裂。其中,北东向断层主要有长沙-平江、新宁-灰汤等断裂,规模大,平行发育,呈现区域性特点,是本区的主体构造。走向总体呈30°~50°,倾向多北西,局部倾向南东;断裂带内可见挤压破碎带、角砾岩化、糜棱岩化、断层泥化、硅化带等现象;部分断裂切割白垩系及侏罗纪岩体,显示多期活动特征。

长沙-平江断裂带(简称"长-平断裂带")位于连云山断隆带与幕阜山隆起带之间,是规模巨大、长期活动的复合断裂带,自西而东,F_1、F_2、F_3、F_4和F_5共5条断裂呈北北东向大致平行展布(张文山,1991;1988;许德如等,2009)。该断裂是该区晚中生代拉伸构造形式的重要组成部分,也是控制湘东北地区中新代以来红盆的主要边界断裂,在地貌上多形成北西低平而南东陡峻的自然景观(张文山,1991)。该断裂带走向35°,倾向北西。F_2为长-平断裂带的主干断裂,走向总体为30°,倾向北西,倾角40°左右。该断裂切割了冷家溪群、泥盆系、燕山早期侵入岩体。在潭口以北,该断裂主要发育于冷家溪群与泥盆系跳马涧组或白垩系与冷家溪群之间;淳口以北至潭口,发育于泥盆系跳马涧组与棋梓桥组或佘田桥组之间,局部切割了连云山岩体；淳口以南，主要发育于泥盆系跳马涧组与佘田桥组、棋梓桥组之间，局部发育于泥盆系与冷家溪群之间。长-平断裂带具有多期次活动变形特征，经历了早中侏罗世的左行走滑-剪切并具逆冲推覆、侏罗纪—白垩纪的走滑-拉伸和更新世—第四纪的挤压等3个阶段（许德如等，2009；张文山，1991）。新宁-灰汤（汨罗-新宁）断裂为洞庭湖盆地的边缘断裂，倾向西或北西西，倾角65°～75°。断层属正断层，表现为下盘上升、上盘下降。断裂周边发育构造角砾岩、构造片岩等岩类。

近东西—北东东向构造主要为韧性剪切带，由北向南，主要有望湘—平江、连云山岩体南侧、官桥—青槽—浏阳北东东向等，大致呈平行排列，倾向北北东，倾角30°～65°不等，与地层产状基本一致或局部斜交。

南北向断裂主要在幕阜山岩体南侧的栗山地区至金井岩体一带发育，规模较小。

四、褶皱

区内褶皱构造发育，主要有东西向、北西向和北东向。其中，轴向近东西向的褶皱，其形成时代可能为加里东—印支期，与区域上近东西向的韧性剪切带一致；轴向为北东向的褶皱，则属于燕山期南东-北西向应力作用的产物。

褶皱构造按构造层可划分为基底褶皱（四堡期、晋宁期、加里东期）和盖层褶皱（华力西—印支期、燕山期）。加里东期及前加里东期基底褶皱形态具有紧闭、同斜甚至倒卧的共同特征，受后期构造运动影响，部分地段构造线方向发生改变；印支期盖层以过渡型褶皱为主，受基底构造控制明显；燕山期盖层褶皱较微弱，一般呈宽缓褶曲或拱曲，受印支期后形成的拉张断陷盆地控制。如在岳阳地区，冷家溪群中轴面南倾紧闭倒转褶皱发育，走向北西西，局部轴向受中生代构造叠加影响而呈近东西向；在平江—浏阳地区，褶皱走向自北往南由北西向→东西向→北东东向转变；褶皱形态多为紧闭—同斜，轴面一般倾向南，常由一系列次级背斜、向斜组成复式褶皱，伴随轴面劈理发育。在早中生代，岳阳—临湘地区，自南而北，依次形成总体呈东西向、轴面大多南倾的郭镇向斜、官山背斜（隆起）、临湘倒转向斜和聂市背斜等褶皱，背斜宽缓，向斜窄陡，形成隔槽式褶皱组合样式。

第三节 区域岩浆岩

湘东北地区的岩浆岩分布，火山岩甚微，但侵入岩类较为发育。

一、火山岩

研究区的火山岩主要分布于益阳—长沙—浏阳一带，范围较局限。岩性以基性、酸性—中酸性为主，中性、超基性次之。火山岩的形成时代，郭乐群等（2003）认为最早始于新太古代，具体约3028Ma，但近10年湖南省前寒武纪变质基底岩系研究获得的一批高精度的同位素年龄表明它们主要形成于青白口纪。此外，南华系、白垩系、古近系都有不同程度发育火山岩。

二、侵入岩

研究区侵入岩类非常发育,以酸性岩为主,其次为中性岩、中酸性岩,基性—超基性岩类仅零星出露。岩浆岩出露非常广泛,具有多时代多期(次)侵入特点,但主要可划分为新元古代、燕山期(晚侏罗世—早白垩世)等。

1. 新元古代

新元古代岩浆岩主要包括张邦源、罗里、渭洞、梅仙、三墩、钟洞、长三背、大围山、葛藤岭、张坊、西园坑等十多个规模大小不等的新元古代岩体,分布较为分散,主要为岛弧岩浆作用和武陵运动后减压熔融产物。陕亮等(2017)梳理了新元古代岩浆岩的形成时代,发现张邦源岩体的成岩年龄为(816±4.6)Ma,西园坑岩体的成岩年龄为(804±3)Ma,张坊岩体的形成年龄为(817±7)Ma,葛藤岭岩体的形成年龄为(833±8)Ma、844Ma,长三背岩体成岩年龄为(929±6)Ma及(761±11)Ma,大围山岩体的成岩年龄为802Ma等,并提出湘东北地区新元古代岩浆岩的成岩年龄主要集中在825~820Ma之间,与赣西北地区的主要集中成岩年龄(820Ma左右)在误差范围内基本一致,同属于江南造山带中部地区同一时代-构造背景下的岩浆活动体系范畴。

2. 燕山期

燕山期岩浆岩分布相对集中,岩浆活动强烈,主要有幕阜山、望湘、金井、连云山、蕉溪岭、长乐街等岩体,以及七宝山石英斑岩等其他小岩体,岩体及周围常发育大量中酸性、酸性岩脉或小岩枝,总体形成于早燕山挤压运动之后的后碰撞-后造山环境。

幕阜山岩体,呈岩基状产出于湘鄂赣接壤地区,主体位于湖南省境内,出露总面积为2000多平方千米。幕阜山岩体为多期次侵入的复式岩体(湖南省地质矿产勘查开发局,1977,1988),覆盖该地区的1:20万区域地质调查,将岩体侵入活动划分出2期4次侵入。其中,燕山早期侵入体的岩性主要为黑云母二长花岗岩;燕山晚期3次侵入体岩性,分别为中粗粒二云母二长花岗岩、中粒黑云母二长花岗岩、细粒二云母二长花岗岩。关于幕阜山岩体的成岩年龄,湖南省地质矿产勘查开发局(1988)获得锆石U-Th-Pb法年龄为160Ma、黑云母K-Ar法年龄为142Ma,以及白云母K-Ar法年龄为139Ma和134Ma。湖南省地质调查院(2002)在1:25万长沙市幅区域地质调查中获得黑云母K-Ar法年龄为139Ma。

望湘岩体,分布于长沙、浏阳等地区,出露面积约1600km^2,为大型中深成相岩基。岩体多期侵入于围岩中,围岩大多数为冷家溪群。该岩体主要岩石类型为二云母花岗岩、含石榴子石花岗岩、黑云母花岗岩。其中,二云母花岗岩呈灰色、灰白色,斑状—似斑状结构,主要矿物为石英、钾长石、白云母、斜长石等。黑云母和白云母呈片状或鳞片状,斜长石多具碎裂结构。含石榴子石花岗岩多为灰白色,颜色较浅,主要矿物为石英、长石、白云母等,副矿物为石榴子石、榍石、黑云母等。石英和长石斑晶较大。黑云母花岗岩呈灰黑色,似斑状结构,主要矿物有石英、钾长石和黑云母。湖南省地质调查院(2002)在1:25万长沙市幅区域地质调查中获得黑云母K-Ar法年龄为129Ma。《湖南省区域地质志》(1988)指出白云母K-Ar法年龄为146Ma,全岩 Rb-Sr 等时线年龄141Ma;文家市镇附近黑云母 K-Ar 法年龄130Ma,白云母 K-Ar 法年龄134Ma;陈家洞附近全岩 Rb-Sr 等时线年龄136Ma,黑云母 K-Ar 法年龄134Ma,白云母 K-Ar 法年龄133Ma;影珠山附近全岩 Rb-Sr 等时线年龄131Ma,白云母 K-Ar 法年龄134Ma;元冲附近白云母 K-Ar 法年龄132Ma,全岩 Rb-Sr 等时线年龄139Ma。

连云山岩体,侵入定位于连云山杂岩中,受北东方向区域性断裂的控制而呈向东弧形凸出的似椭圆形,西边界被白垩纪沉积岩覆盖,并以伸展滑脱断层接触,东边界则与连云山杂岩呈侵入接触关系。湖南省地质矿产局(1988)获得独居石 U-Th-Pb 年龄为160Ma 及164Ma,许德如等(2008)推测岩体成岩年龄为162Ma,整体初步确定岩体成岩时代为中侏罗世。湖南省地质调查院(2004)在区域地质调查过程中将连云山岩体划分为3次侵入活动,分别为:第一次侵入的细—中细粒黑云母花岗闪长岩,成岩年龄对应于前文独居石 U-Th-Pb 法年龄164Ma;第二次侵入的中粒斑状黑云母二长花岗岩,成岩年龄对应于前文独居石 U-Th-Pb 法年龄160Ma;第三次侵入的细—中细粒二云母二长花岗岩,本研究获得其锆石 LA-ICP-MS U－Pb法年龄(149 ± 1)Ma,表明形成时代晚于第二次侵位活动约10Ma。由此形成了连云山岩体"164Ma—160Ma—(149 ± 1)Ma"的先后3次岩浆侵入活动年代学格架,表明连云山岩体整体侵入形成于中晚侏罗世,对应于燕山早期。

金井岩体,位于研究区的金井—团山市一带,总面积约110km^2,侵入于冷家溪群中,与围岩的侵入接触面一般倾向围岩;局部呈超覆状态,与白垩纪花岗质砂砾岩沉积接触。岩体多中—细粒似斑状结构,钾长石矿物通常组成斑晶。钾长石含量平均为23%～30%,以微斜长石为主,呈他形板状或充填状。斜长石含量平均为32%～41%,呈自形—半自形板状,部分有石英、黑云母等矿物嵌晶。石英含量平均为28%～32%,呈他形粒状,普遍可见波状消光,部分沿裂纹有交代现象。岩体局部地区热液蚀变作用强烈,可见绢云母化、硅化、绿泥石化、绿帘石化等,在硅化破碎带内可见萤石化、黄铁矿化及铜铅锌矿化。岩体与围岩的接触部位热接触变质强烈,可见数百米至上千米宽的变质带。岩体边缘向中心,一般可分为斑点状板岩带、石英绢云母千枚岩带和石英片(角)岩带。湖南省地质调查院(2002)在1∶25万长沙市幅区域地质调查中获得黑云母 K-Ar 法年龄为145Ma,还指出岩体 Rb-Sr 等时线年龄138Ma、134Ma、136Ma,黑云母 K-Ar 法年龄为145Ma、144Ma,锆石 U－Pb 年龄为158Ma。《湖南省区域地质志》(1988)指出,金井岩体独居石 U-Th-Pb 年龄分别为166Ma、160Ma、151Ma,黑云母 K-Ar 法年龄为144Ma,白云母 K-Ar 法年龄为147Ma;达石坡附近白云母 K-Ar 法年龄为146Ma。李鹏春等(2005)获得花岗岩 Rb-Sr 等时线年龄为(133.4 ± 6.4)Ma,但认为可能对应于后期构造热事件。

七宝山石英斑岩体,为燕山期多次侵入的浅成酸性复式岩体,地表出露形态复杂,总体为一蘑菇状产出的岩株,出露面积约2km^2。岩体东西长6km,南北宽20～1000m。主要矿物成分为正长石、石英、斜长石,少量黑云母。胡俊良等(2015,2016)、Yuan 等(2018)获得石英斑岩的锆石 U－Pb 定年结果集中于148～155Ma,代表石英斑岩结晶年龄为晚侏罗世,对应燕山期而非以往认为的印支期。

第四节　区域矿产资源概况

　　湘东北地区金属矿产资源较丰富,主要分布有金等贵金属,铜、铅锌、钴、钨钼等有色金属,以及铌钽、铍、锂等稀有金属。金矿分布较集中,主要有黄金洞金矿、大洞-万古金矿、雁林寺金矿、官桥金矿、小横江金矿、洪源金矿、包狮村金矿、桥上金矿、石坳金矿等,成因类型主要包括石英脉型、破碎带蚀变岩型、剪切带蚀变岩型等。有色金属主要包括七宝山铜(金)多金属矿、井冲铜钴铅锌多金属矿、桃林铅锌铜多金属矿、栗山铅锌铜多金属矿、横洞钴多金属矿、普乐钴多金属矿、龙王排钨钼多金属矿、虎形山钨钼多金属矿等。矿床多与岩浆岩活动相关,成因类型主要包括斑岩型、矽卡岩型、岩浆热液充填-交代型等。铌钽、锂、铍等多金属矿床主要有传梓源、仁里、江家坳-曹家岭等,主要为伟晶岩(化)型成因,特别是2017年新发现的平江县仁里铌钽矿,其中伟晶岩脉有130条,钽铌矿脉有13条,矿体平均厚3.00m。Ta_2O_5平均品位0.035%、Nb_2O_5平均品位0.050%;估算Ta_2O_5(333+334类)资源量2.1万t,Nb_2O_5(333+334类)资源量2.5万t。

第三章 典型矿床地质特征

第一节 七宝山铜(金)多金属矿

七宝山铜(金)多金属矿床位于浏阳-衡东北东向断褶带、安化-浏阳东西向构造带和北西向岳阳-平江断裂带的复合部位,构造总体以北(北)东向为主,东西向和北西向为辅,地层主要出露新元古界青白口系冷家溪群、泥盆—三叠系等,花岗岩类主要发育新元古代花岗岩和燕山期花岗岩(图3-1)。

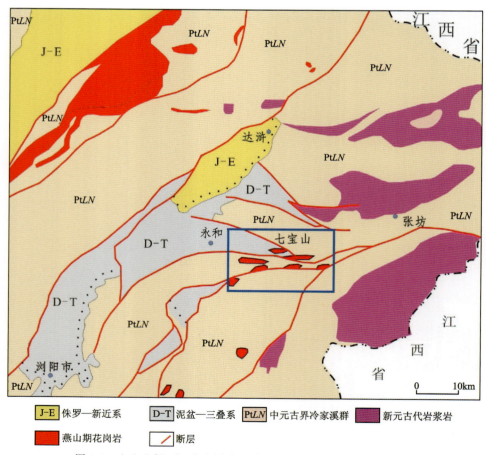

图 3-1 七宝山铜(金)多金属矿区域地质简图(据杨荣等,2015修编)

一、矿区地质

1. 地层

矿区地层出露简单,由老至新依次为新元古界青白口系冷家溪群($PtLN$)、震旦系莲沱组(Z_1l)、下石炭统大塘阶(C_1d)以及中上石炭统壶天群($C_{2+3}HT$)(图3-2)。其中,冷家溪群浅海相变质岩系主要分布在矿区南、北两侧;莲沱组浅变质砂岩、砂质板岩主要分布在矿区北侧边缘,与下伏冷家溪群呈角度不整合接触;下石炭统大塘阶零星分布于矿区北侧,为灰白色石英砾岩;中上石炭统壶天群广布于矿区中部及西部,为灰白色厚层状白云质灰岩、白云岩,与下伏地层呈明显的角度不整合接触。壶天群为矿区主要容矿地层。

2. 构造

矿区构造复杂,主要发育褶皱构造、断裂构造、接触带构造等3种类型。

褶皱构造为铁山-横山向斜,总体为倒转向斜,核部由中上石炭统壶天群白云质灰岩组成,南、北两翼分别由震旦系莲沱组及冷家溪群组成,被断层破坏而显得残缺不全。向斜轴向北西西,轴面倾向南西,北翼倾角约30°,南翼倾角约60°,长约6km,宽0.5~2km。西部倾向开阔,东部扬起狭窄,至横山附近闭合。

断裂构造较发育,规模较大的为东西向断层F_1、北西西向断层F_2(图3-2)。其中,F_1是通过矿区南缘的区域性断层,东起横山,西至古港,长约15km,形成破碎带宽20~100m,断层面倾向南,倾角60°左右。该断层使中上石炭统与冷家溪群及震旦系呈断层接触,是多期活动的区域性大断裂,为矿区主要赋矿构造(徐德明等,2018)。断层(F_2)发育在矿区北缘,总体走向290°左右,全长约5km。区域资料表明,该断层是浏阳帚状构造的压扭性旋回面,但由于受成矿期构造的影响,在矿区内主要表现为张性和后期的压扭性。断层内胶结物为构造角砾岩,大小混杂,棱角明显。

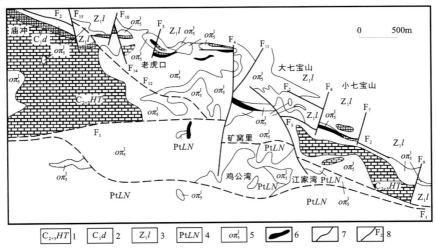

图3-2 七宝山铜(金)多金属矿区地质简图(据胡俊良等,2017修编)

1.中上石炭统壶天群;2.下石炭统大塘阶;3.震旦系莲沱组;4.冷家溪群;5.石英斑岩;6.矿体;7.地质界线;8.断层及编号

接触带构造：主要指岩浆岩与活泼的灰岩围岩之间的接触带。矿区南侧岩体边界接触带主要呈东西向，北侧为北西西向；剖面上，接触面倾角呈上缓下陡。

3. 岩浆岩

矿区岩浆岩主要为七宝山石英斑岩。岩体地表出露形态总体为蘑菇状产出的岩株，东西长6km，南北宽20～1000m，出露面积约2km²（胡俊良等，2017）。

二、矿体地质

矿床共有200多个矿体，大部分隐伏，自西向东可分为老虎口、大七宝山、鸡公湾、江家湾4个矿段。矿体在空间上均与七宝山石英斑岩体相伴出现，绝大多数矿体分布在离岩体侵入中心1000m范围。当矿体远离岩体时就变薄或尖灭，在岩体2000m之外基本无矿体。矿体类型主要可分为斑岩型、矽卡岩型、热液脉状充填型三大类，以矽卡岩型为主。

斑岩型矿体主要赋存于斑岩体中，形态与斑岩体基本一致。因矿区经历多年开采，目前已基本开采完毕。

矽卡岩型矿体主要受接触带构造控制，产状多变，形态复杂，多呈环带状、囊状及不规则形状（图3-3）。该矿体赋存在接触带产状变化并经断裂叠加改造发生引张的部位，走向总体北西-南东，向南西倾斜，倾角一般为45°～60°，最大近80°，最小近水平。矿体走向长350～450m，斜长200～350m，个别长622m。成矿元素主要为Cu、Fe，伴有少量Pb、Zn。

热液脉状充填型矿体主要分布于岩体北西侧老虎口矿段或小七宝山地段，其他地段分布零星（图3-4）。矿体主要产于壶天群与冷家溪群不整合界面上，形态简单，基本无分支复合现象，主要呈近东西向延伸。矿体产状较陡，一般向南或南西倾斜。成矿元素以S、Zn、Cu为主，伴有少量Pb。

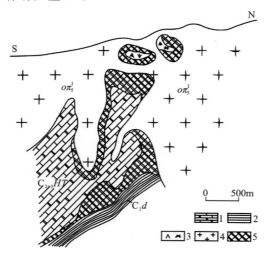

图3-3 七宝山铜（金）多金属矿矽卡岩型矿体地质特征（据胡俊良等，2017修编）

1.壶天群白云质灰岩；2.大塘阶页岩；3.矽卡岩；4.石英斑岩；5.矿体

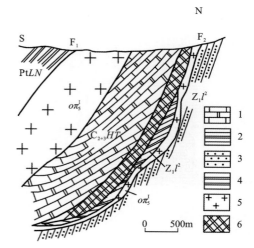

图3-4 七宝山铜（金）多金属矿热液充填型矿体地质特征（据胡俊良等，2017修编）

1.壶天群白云质灰岩；2.莲沱组板岩；3.莲沱组砂岩；4.冷家溪群；5.石英斑岩；6.矿体

三、矿化特征

1. 矿石特征

矿石类型可分为硫铜矿石、铁矿石、硫锌矿石、铅锌矿石及氧化锌矿石等。矿物成分复杂,已发现金属矿物40余种,脉石矿物26种。除Cu、Fe、Pb、Zn主要成矿元素外,具有工业意义的有益伴生元素,还有Au、Ag、Ga、In、Ge、Cd、Te等(图3-5、图3-6)。矿区铜平均品位0.519%。

图 3-5 七宝山铜(金)多金属矿矿石地质特征

a.细脉状黄铜矿石英绿泥石脉充填于石英斑岩中,形成斑岩型矿化;b.含磁铁矿矽卡岩矿化;c.蛇纹石化矽卡岩;d.蛇纹石化钾长石化矽卡岩;e.绿帘石化矽卡岩被晚期黄铁矿石英脉穿插;f.热液脉状充填型黄铁矿黄铜矿矿体,结构较松散;g.纹层状黄铁矿与石膏互层;h.黄铁矿磁铁矿矿化组合;i.浸染状细脉状黄铜矿脉充填于早期石英脉中;j.细脉状黄铜矿黄铁矿脉充填于早期石英脉中;k.磁铁矿交代早期蛇纹石化黄铁矿黄铜矿矿体;l.脉状黄铜矿黄铁矿矿化。矿物代号:Cp.黄铜矿;Mt.磁铁矿;Py.黄铁矿;Sep.蛇纹石;Gy.石膏;Ep.绿帘石;Kf.钾长石;Qz.石英。采样位置:图a~e及图i采自小七宝山,其余采自老虎口矿段

矿石矿物主要为黄铜矿、方铅矿、闪锌矿、磁铁矿、磁黄铁矿等，脉石矿物主要为方解石、石英、透闪石、阳起石、蛇纹石等（图3-5、图3-6）。

矿物结构主要为晶粒结构、交代残余结构、乳滴状结构、自形—半自形粒状结构，其次有格状结构、斑状压碎结构等；矿石构造主要有浸染状构造、块状构造、条带状构造，其次为角砾状构造、脉状构造、网脉状构造（图3-5、图3-6）。

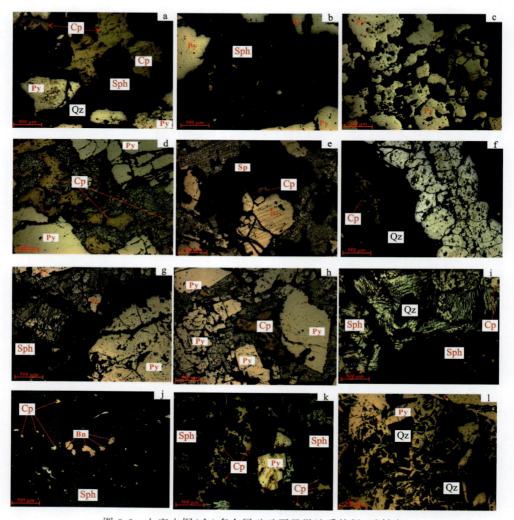

图3-6 七宝山铜（金）多金属矿矿石显微地质特征（反射光）

a.早期黄铜矿被闪锌矿交代，后被黄铁矿石英脉充填；b.闪锌矿交代早期黄铁矿，形成港湾状边界；c.早期黄铁矿矿化被石英热液脉交代残余；d.黄铜矿化脉体穿插早期黄铁矿；e.黄铜矿-黄铁矿-闪锌矿交代；f.石英热液脉中黄铜矿矿化；g.黄铁矿晶隙间的闪锌矿黄铁矿细脉；h.黄铁矿被晚期黄铜矿矿脉交代充填；i.早期的黄铁矿闪锌矿组合被更晚期的闪锌矿溶蚀；j.闪锌矿中的稀疏分布的黄铜矿、斑铜矿，呈固溶体分离结构；k.早期的黄铁矿闪锌矿脉体被后期黄铜矿矿脉交代溶蚀；l.竹叶状黄铁矿交代残余。矿物代号：Cp.黄铜矿；Py.黄铁矿；Sph.闪锌矿；Bn.斑铜矿；Qz.石英

2. 围岩蚀变

矿区岩浆作用和热液蚀变作用强烈，围岩蚀变类型主要有矽卡岩化、硅化、绢云母化、高岭土化、铁锰碳酸盐化、黄铁矿化等（图 3-5、图 3-6）。其中，矽卡岩化主要发生在石英斑岩与灰岩的接触带上，在接触带浅部形成石榴子石-透辉石矽卡岩、绿帘石矽卡岩、透辉石-阳起石矽卡岩，在接触带深部形成镁质矽卡岩、蛇纹岩。硅化、绢云母化是矿区常见热液蚀变类型，发育于各种岩石中，往往与黄铁矿化相伴出现。高岭土化偶尔与绢云母化相伴出现。铁锰碳酸盐化主要分布在远离侵入体中心的白云岩、白云质灰岩中，主要表现为铁锰质沿破碎角砾边缘或沿白云岩裂隙充填交代，使岩石呈棕褐色、砖红色或深灰色的角砾状粗晶白云岩。黄铁矿化发育也较为普遍。

3. 成矿期与成矿阶段

结合矿床地质特征、矿石结构构造、矿物共生组合、围岩蚀变分带，结合郑硌等（2014）对矿床地质特征的研究，将七宝山铜（金）多金属矿的成矿作用过程划分为矽卡岩期、石英-热液硫化物期及两个成矿期。其中，矽卡岩期可划分为早矽卡岩阶段和晚矽卡岩阶段，石英-热液硫化物期可分为早硫化物阶段和晚硫化物阶段。七宝山铜（金）多金属矿成矿的成矿期次及主要矿物生成顺序详见表 3-1。

表 3-1　七宝山铜（金）多金属矿成矿期次及主要矿物生成顺序表

矿物	矿化期与阶段			
	矽卡岩期		石英-热液硫化物期	
	早矽卡岩阶段	晚矽卡岩阶段	早硫化物阶段	晚硫化物阶段
石榴子石	▬▬▬▬▬			
透辉石	▬▬▬▬			
橄榄石	▬▬▬			
蛇纹石		▬▬▬		
阳起石		▬▬▬		
绿帘石		▬▬▬		
绿泥石		▬▬		
磁铁矿		▬▬▬	▬	
磁黄铁矿			▬▬	
毒砂			▬▬▬	
黄铁矿			▬▬▬▬▬	▬▬▬
黄铜矿				▬▬▬▬▬
斑铜矿				▬▬▬

续表 3-1

矿物	矿化期与阶段			
	矽卡岩期		石英-热液硫化物期	
	早矽卡岩阶段	晚矽卡岩阶段	早硫化物阶段	晚硫化物阶段
方铅矿				▬▬▬▬
闪锌矿				▬▬▬
辉钼矿				—
辉铜矿				—
石英			—	▬▬▬▬
方解石				—
绢云母		—	▬▬▬	▬▬▬▬

注：▬▬. 大量；——. 少量。

1) 矽卡岩期

早矽卡岩阶段，主要是钙铁榴石、透辉石、橄榄石（多蚀变为蛇纹石）等无水矽卡岩矿物的形成阶段。该阶段没有矿质沉淀，故也称为无矿阶段。

晚矽卡岩阶段，也称磁铁矿阶段，主要形成透闪石、绿帘石、阳起石、绿泥石等含水硅酸盐矿物，还形成大量的磁铁矿集合体，呈致密块状产出，以及极少量的磁黄铁矿、毒砂、黄铁矿等硫化物。

2) 石英-热液硫化物期

(1) 早硫化物阶段。早硫化物阶段的硫化物相对较少，主要是以细粒黄铁矿为主体的矿化作用。该阶段的金属硫化物可以对先前已形成的矿物及地层中隐藻纹层、核形石及球状叠层石等进行交代蚀变，形成各种美丽的图案花纹。该过程少量磁黄铁矿、毒砂，以及少量的石英和大量的绢云母。该阶段矿化强度不高，矿体规模不大，矿体主要为细脉状—网脉状、不规则状脉状，局部地段可形成块状富矿。

(2) 晚硫化物阶段。晚硫化物阶段是矿区多金属矿物析出的主要阶段。硫化物集合体多呈细脉状、网脉状产出，交代和穿切早期少硫化物阶段的多金属硫化物矿物组合。部分金属硫化物脉中可见黄铜矿等矿物相对富集于脉体中央，而黄铁矿则分布于脉体两侧，显示出矿物的结晶次序关系。此阶段析出的金属矿物主要有黄铜矿、闪锌矿、方铅矿，以及少量的辉钼矿。该阶段历时较长，形成的矿体规模大，形态不规则，但品位一般高。

3) 表生氧化期

表生氧化期，主要代表成矿后期，矿床受地表的淋滤作用，在地表氧化条件下，在浅部剥离处形成铁帽、孔雀石等铁铜氧化物；在次生富集带，形成辉铜矿、铜蓝等二次富集。黄铜矿等氧化成为孔雀石、铜蓝、赤铜矿、蓝铜矿等矿物，黄铁矿氧化形成褐铁矿、黄钾铁矾等。

第二节　井冲铜钴铅锌多金属矿

井冲矿床的区域地层主要出露有古元古代连云山杂岩、新元古界青白口系冷家溪群和中新生界白垩—古近系。其中,连云山杂岩岩性主要为二云母片岩、二云石英片岩、黑云母片岩、斜长角闪片岩等;冷家溪群为浅变质岩系,岩性主要为板岩、粉砂质板岩、变质砂岩等;白垩—古近系岩性主要为紫红色厚层块状砾岩夹砂砾岩。区域构造主要为北北东—北东向长-平大断裂,断裂东部为连云山复背斜,西部为长平断陷盆地。区域岩浆岩主要为连云山岩体(图3-7)。

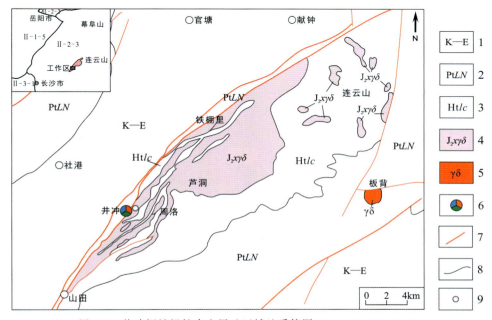

图3-7　井冲铜钴铅锌多金属矿区域地质简图(据张鲲等,2019修编)
1.白垩—古近系;2.冷家溪群;3.连云山杂岩;4.连云山岩浆岩;5.板背花岗岩;6.井冲矿区;7.断裂;8.地质界线;9.岩浆岩样品采样位置;Ⅱ-1-5.江汉-洞庭断陷盆地;Ⅱ-3-2.下扬子被动陆缘;Ⅱ-3-3.江南古岛弧;
Ⅱ-3-1.湘中-桂中裂谷盆地

一、矿区地质

1. 地层

矿区地层主要有上古生界中、上泥盆统,中生界白垩系及新生界第四系(图3-8)。

中泥盆统跳马涧组,岩性主要为一套砂质页岩、砾岩、板岩,经热液蚀变作用后形成的硅质构造角砾岩、石英质构造角砾岩、硅质岩、绿泥石化硅质岩等。该组出露宽度为120~400m。跳马涧组的颜色主要为黄褐色、黄绿色、青灰色、灰白色、深绿色,细—隐晶质结构,块状构造,岩石节理裂隙较发育。矿物主要成分:石英含量大于50%,长石含量大于15%,绿泥石含量约5%。该组与下伏冷家溪群在44线以南为断层接触,在44线以北呈不整合接触。

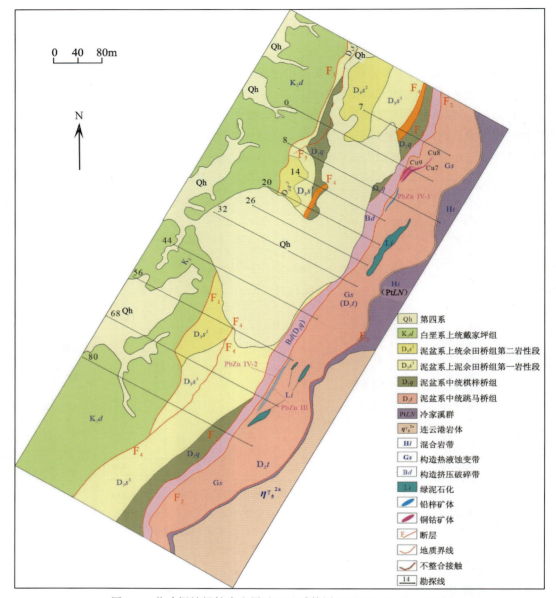

图 3-8 井冲铜钴铅锌多金属矿区地质简图(据易祖水等,2008 修编)

中泥盆统棋梓桥组,受断裂破坏而出露不全,出露宽度 60~140m。岩层倾向 320°、倾角 45°。岩体由灰黑色板岩、青灰色板岩、钙质板岩夹灰岩、泥灰岩透镜体组成,下部变成碎裂板岩或板岩质角砾岩,形成构造挤压破碎带。该组与下伏跳马涧组呈断层接触。

上泥盆统佘田桥组,该岩层较破碎,产状较乱,可根据岩性组合自南至北划分为两个岩性段。第一岩性段的岩性主要为青灰色、黄绿色板岩局部夹砂岩透镜体,地表出露宽度 220~360m,真厚度 130~230m,走向北东,倾向 275°~320°,倾角 45°~50°。板状构造,具微弱丝绢光泽。该段与下伏棋梓桥组呈整合接触,局部呈断层接触。第二岩性段为浅灰色、紫红色板岩夹少量青灰色板岩,板状构造。地表出露宽度 250～390m,真厚度 180～200m,走向北东,倾向 275°～320°,倾角 15°～50°。

上白垩统戴家坪组,主要分布于矿区西部,岩性总体为一套紫红色厚层砂岩、砂砾岩及砾岩。产状表现为走向北东东,倾向 295°～310°,倾角 18°～43°。根据钻孔资料,戴家坪组的厚度可能大于 800m,与下伏泥盆系在 20 线以南呈断层接触,20 线以北为角度不整合接触。砾石呈次棱角状或次滚圆状,成分以板岩为主,次为粉砂岩等。砾石大小 0.5～1cm,最大 5cm。胶结物为泥砂质、铁质。

2. 构造

矿区构造总体呈一不完整的单斜。另外,在矿区 0 线以北,发育由上泥盆统佘田桥组构成的北北东向次级小向斜。

矿区断裂发育,主要有 F_1、F_2、F_3、F_4、F_5 共 5 条呈北北东向断层大致平行展布。其中 F_2 区域性大断裂为长-平断裂带的组成部分,倾向总体北西,倾角 23°～45°,平均 40°左右,地表局部倾角达 75°。该断裂发育于泥盆系棋梓桥组与跳马涧组之间,上盘岩层主要形成构造挤压破碎带(Bd),出露宽度 50～160m;下盘岩层主要形成构造热液蚀变岩带(Gs),厚度 60～130m(图 3-8、图 3-9)。在 F_2 断裂带范围,自北西向南东可依次划分为破碎板岩带、构造角砾岩带、含矿强硅化构造角砾岩带、强硅化构造角砾岩带、石英岩带、蚀变破碎岩带、构造角砾岩带、糜棱岩带等 8 个次级单元。

3. 岩浆岩

区内岩浆活动强烈。首先,矿体主要有连云山花岗岩体,岩石类型以二长花岗岩为主,边部以细粒花岗结构为主,向岩体中心逐渐过渡以中细粒花岗结构为主,具有一定的片麻状构造,片麻理为北东向及北西西向两组,早期区域地质调查中的独居石同位素测定结果表明其形成时代为 166～160Ma。其次,矿体为花岗闪长斑岩、花岗岩,仅在矿区东南部 20～30 线北东端及 F_5 中各见到 1 处,呈脉状产出,出露规模很小。

二、矿体地质

矿体主要赋存在含矿强硅化构造角砾岩带、蚀变破碎岩带等 2 个单元中,共圈出铜钴铅锌多金属矿体 6 个,间距一般为 3～10m。矿体长约 200m、宽 20～30m,呈透镜状、似层状、脉状产出,彼此近平行排列。主矿体有 7 号、8 号、9 号等 3 个,三者资源量之和约占全矿区总资源量的 85%。矿体向南西方向侧伏,倾伏角约 20°,导致矿化垂向分带明显,表现为深部铜矿、中部钴矿、浅部铅锌矿。在侧伏方向上尖灭再现或尖灭侧现。长轴方向与构造热液蚀变岩带的走向约呈 25°的夹角,详见图 3-9。

其中,出露于 0 线的 7 号矿体规模较大,地表出露长度 162m,倾向北西,倾角 36°～47°。矿体主要赋存于矿化带下部的硅质构造角砾岩、绿泥石化硅质岩中,顶板为绿泥石岩,底板为硅质构造角砾岩或绿泥石岩。矿石类型以黄铁黄铜矿石为主,其次为含铜钴黄铁矿矿石。沿侧伏方向,矿体呈透镜体产出,剖面上最大斜长 592m,最小 50m,平均 321.2m。矿体厚度最

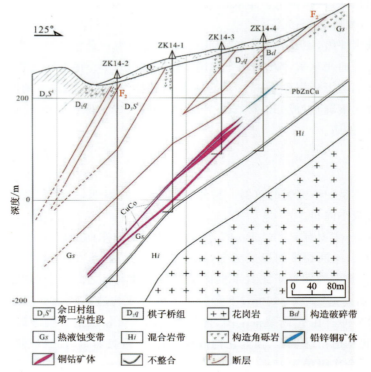

图3-9 井冲铜钴铅锌多金属矿床14线勘探线剖面图(据易祖水等,2008修编)

大为11.11m,最小为0.31m,平均3.98m。铜矿石品位0.404%～1.557%,平均0.742%;钴矿石品位0.013%～0.044%,平均0.026%。除铜钴矿体外,在7号矿体中还发现3个较大的铅-锌矿体呈长条状产出于硅质构造角砾岩中,顶底板均为构造角砾岩。铅锌矿体总体以脉状、团块状、粒状集合体为主,少数呈星点状分布,矿体长轴方向与构造热液蚀变岩带的走向基本一致,在深部则分布在铜钴矿体的斜上方。

三、矿化特征

1. 矿石特征

按主要金属矿物含量,可将矿区的矿石类型分为黄铁矿黄铜矿、含铜(钴)黄铁矿、含铜(钴)黄铁矿磁黄铁矿及铅锌矿4类矿石。黄铁矿黄铜矿是矿区的主要矿石类型,由黄铜矿(3%～5%)、斑铜矿(<1%)、铜蓝(<1%)、辉铜矿(<1%)、黄铁矿(1%±),少量闪锌矿及脉石矿物石英组成,呈不规则粒状结构,细脉(浸染)状构造。含铜(钴)黄铁矿矿石主要由黄铁矿(30%～70%)、磁黄铁矿(3%～15%)、黄铜矿(<1%)、白铁矿(<1%)及石英、绿泥石等脉石矿物组成,他形、半自形、自形粒状结构,斑状碎裂(压碎)结构,块状(团粒)构造。含铜(钴)磁黄铁矿、黄铁矿矿石分布不广,仅局部可见,主要由磁黄铁矿(15%～70%)、黄铁矿(2%～20%)、黄铜矿(1%±)、白铁矿(3%±)及石英、绿泥石等脉石矿物组成,斑状碎裂结构,块状、浸染状构造。铅锌矿矿石则主要分布于各铅锌矿体中,由方铅矿(3%～5%)、闪锌矿(5%±)、黄铁

矿（15%±）及石英、方解石等透明矿物组成，花岗变晶结构，块状或脉（网脉）状构造。

钴的赋存状态主要有独立钴矿物辉砷钴矿、金属硫化物和绿泥石等3种矿物中。其中，辉砷钴矿粒径很细，量很少；毒砂、黄铁矿、黄铜矿等金属硫化物中的钴主要以Co^{2+}不同程度地取代置换Fe^{2+}而形成；绿泥石等含Fe^{2+}硅酸盐中主要以Co^{2+}置换绿泥石等中含Fe^{2+}硅酸盐矿物中的Fe^{2+}而形成。因此，井冲矿区肉眼和显微镜下一般均难以见到辉砷钴矿，仅在刘萌等（2018）的镜下照片中零星可见（图3-11）。铜的赋存状态主要在黄铜矿、方黄铜矿及次生辉铜矿中，少量在斑铜矿、铜蓝等次生硫化物中。

矿石矿物主要为黄铜矿、辉砷钴矿、闪锌矿、方铅矿、孔雀石，少量为白铁矿、磁黄铁矿、毒砂、斑铜矿、辉铜矿、自然铜、菱铁矿、针铁矿、褐铁矿等；脉石矿物主要为石英、绿泥石等（图3-10、图3-11）。

金属矿物主要为黄铜矿、闪锌矿、方铅矿、辉砷钴矿、孔雀石、蓝铜矿、白铁矿、磁黄铁矿、斑铜矿、辉铜矿、自然铜、褐铁矿等；非金属矿物主要为石英、绿泥石等（图3-10、图3-11）。

矿石结构主要有自形—他形粒状结构、花岗变晶结构、角砾状结构、乳滴状结构、斑状压碎结构、显微鳞片变晶结构等（图3-10、图3-11）；矿石构造主要有块状构造、角砾状构造、细（网）脉状构造、浸染状构造、裂隙充填构造、皮壳镶边构造、网脉状构造、浸染状构造、筛状构造等（图3-10、图3-11）。

图3-10 井冲铜钴铅锌多金属矿矿石地质特征

a、b.强硅化蚀变带中层状、团块状黄铁矿化黄铜矿化铜多金属矿体；c、d.条带状、纹层状强硅化黄铁矿化铜多金属矿石；e.强硅化黄铁矿化铜多金属矿石；f.强硅化块状黄铜矿化铜多金属矿石；g、h.浸染状、细脉状黄铁矿化铜多金属矿石；i.浸染状、细脉状黄铁矿化铜多金属矿石。矿物代号：Py.黄铁矿；Qz.石英。图a及e～i采自主采区井下－100m中段，图b～d采自7线附近地表老采场。

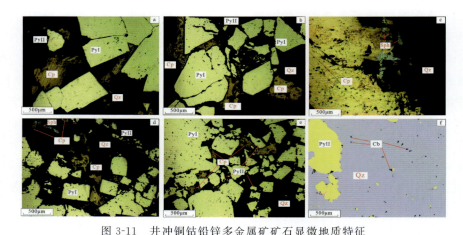

图 3-11 井冲铜钴铅锌多金属矿矿石显微地质特征

a. 第一阶段黄铁矿(PyⅠ)+第二阶段黄铁矿(PyⅡ)黄铜矿化;b. 斑状压碎结构黄铁矿(PyⅠ); c. 黄铜矿闪锌矿矿物组合;a～e. 第一阶段黄铁矿化(PyⅠ)+第二阶段黄铁矿化(PyⅡ)黄铜矿化(Cp)闪锌矿化(Sph);f. 石英-铜钴硫化物阶段辉砷钴矿化(Cb)(陕亮等,2022)。图 a～e. 光片反射光下微光照片,图 f. TIMA 镜下辉砷钴矿显微照片。矿物代号:Qz. 石英;Sph. 闪锌矿;Py. 黄铁矿;Cp. 黄铜矿;Cb. 辉砷钴矿

2. 围岩蚀变

矿区围岩蚀变主要为硅化和绿泥石化,其次为碳酸盐化、绢云母化和高岭土化等。其中,硅化最发育、分布最广,主要表现为碎屑岩岩石退色和重结晶、碳酸盐岩岩石硬度增大和硅质含量增高等。硅化与金属矿化的关系十分密切,黄铜矿、辉砷钴矿、黄铁矿、方铅矿、闪锌矿等均赋存于硅化岩石中。绿泥石化也常与硅化伴生,主要表现为岩石交代变质,绿泥石含量增高,呈鳞片状结构,细脉或团块状分布。碳酸盐化一般分布在硅化带、绿泥石化带外侧,表现为岩石中有方解石细脉分布,与方铅矿、黄铁矿等矿化有密切关系。此外,绢云母化、高岭土化在矿区局部亦有见及。

3. 成矿期与成矿阶段

根据矿物组成、结构构造和微观交代关系,成矿作用过程可划分为石英-粗粒黄铁矿(PyⅠ)阶段、石英-铜钴硫化物阶段和石英-碳酸盐阶段(表1)。矿床的成矿期次及主要矿物生成顺序可见表3-2。第一阶段的矿物组合主要为石英+粗粒自形黄铁矿(PyⅠ)+绿泥石(Chl-Ⅰ),另有少量磁黄铁矿和毒砂,以强硅化和绿泥石化等蚀变为特征。黄铁矿以自形粗粒粒状为主,部分具有压裂结构。第二阶段矿物组合为石英+黄铁矿(PyⅡ)+绿泥石(Chl-Ⅱ)+黄铜矿(Ccp)+方铅矿(Gn)+闪锌矿(Sp)+辉砷钴矿(Cbt),以硅化、绿泥石化、绢云母化等围岩蚀变为主,黄铁矿(PyⅡ)以细粒它形粒状,与黄铜矿、闪锌矿、方铅矿及辉砷钴矿伴生(陕亮等,2022)。矿体主要呈网脉状、块状、浸染状、角砾状、不规则状,局部地段可形成块状富矿,是主成矿阶段。第三阶段矿物组合为石英+方解石,以石英-方解石细脉为特征。

表 3-2 井冲铜钴铅锌多金属矿成矿期次及主要矿物生成顺序表

矿物	矿化期与阶段		
	石英-粗粒黄铁矿（PyI）阶段	石英-铜钴硫化物阶段	石英-碳酸盐阶段
石英	▬▬▬▬▬▬	▬▬▬▬▬▬	——
绿泥石		——	
黄铁矿		▬▬▬▬▬▬	
磁黄铁矿		——	
毒砂		——	
白铁矿		——	
辉砷钴矿		——	
黄铜矿		——	
斑铜矿		——	
方铅矿		——	
闪锌矿		——	
辉铋矿		——	
绢云母		——	
方解石			——

注：▬▬. 大量；——. 少量。

1）热液硫化物期

（1）石英-硫化物阶段。该阶段主要形成各种产状及大小的含黄铁矿、黄铜矿、辉砷钴矿、方铅矿、闪锌矿等多硫化物石英脉，浸染状或脉状—细脉状黄铁矿、黄铜矿、辉砷钴矿、方铅矿、闪锌矿等多金属硫化物矿化，并伴随硅化、绿泥石化、绢云母化等多种围岩蚀变。该阶段是矿区的重要矿化阶段，所形成的矿体主要为网脉状、块状、角砾状、不规则状，局部地段可形成块状富矿，形成以黄铁矿、黄铜矿、少量辉砷钴矿为特色的铜-钴富矿带和铅-锌矿带。成矿温度相对较高。

（2）碳酸盐-硫化物阶段。该阶段矿化作用减弱明显，黄铁矿、毒砂和磁黄铁矿等硫化物含量相对变少，主要以形成细脉状—浸染状黄铁矿、方铅矿、闪锌矿矿物集合体和各种相对晚期的方解石脉等碳酸盐产物为特征，并伴随硅化等围岩蚀变。这一阶段的成矿温度低于石英-硫化物阶段，矿化强度不高，形成的矿体规模不大，形态不规则，往往叠加在前一阶段矿化上，代表大规模成矿阶段的结束。

2）表生氧化期

该时期主要代表在成矿后的表生氧化条件下，黄铁矿氧化形成褐铁矿，方铅矿被风化后变成白铅矿等，黄铜矿等形成孔雀石、铜蓝、蓝铜矿等蚀变矿物，整体属于成矿后期的表生氧化阶段，对矿床有一定的改造富集作用。

第三节 桃林铅锌铜多金属矿

桃林铅锌铜多金属矿床的区域地层主要有新元古界青白口系冷家溪群浅变质岩,震旦纪硅质岩、碎裂石英岩,寒武纪碳质板岩、灰岩、白云岩,以及白垩纪、古近纪、新近纪红色砾岩和第四纪坡积层。区域构造主要有大云山倒转向斜、土马坳扇形背斜、大药姑山向斜,以及北西向、北东向断裂和少量东西向断裂。区域岩浆岩主要分布幕阜山岩体,岩性主要为黑云母二长花岗岩、二云母二长花岗岩等。

一、矿区地质

矿区地层从老到新主要出露新元古界冷家溪群、上震旦统及上白垩统分水坳组。其中,矿区的冷家溪群主要分布在石田畈-邱坪坳断裂带及岩体接触带附近,岩性主要为片岩、石英千枚岩等;上震旦统总体沿幕阜山岩体西南缘零星分布,岩性主要为千枚岩、石英岩、硅质岩等,与冷家溪群角度不整合接触;上白垩统则分布于矿区大部分地区,角度不整合于冷家溪群、震旦系之上,岩性主要为泥质、花岗质杂砾岩夹少量杂砂岩及钙质砂岩、泥质杂砾岩等。

矿区断裂可分为北东向和北西向两组(图 3-12)。北东向断裂主要为石田畈-邱坪坳断裂(F_6,亦称桃林大断裂),走向北东东-南西西,倾向北西,倾角 30°~45°,局部产状有变化,走向长大于 13km,破碎带宽一般几米到 20 余米,倾斜延伸大于 1000m。断层的上盘主要由冷家溪群千枚状板岩、板岩、变质砂岩组成,西部为上白垩统—新近系覆盖;断层的下盘主要由震旦系—下寒武统及燕山期花岗岩组成。断裂带呈舒缓波状分布,延伸长,延深大,具有多次活动特点,力学性质呈现扭—压扭—张扭的多次转化。北西向断裂主要发育有白羊田断裂(F_3),

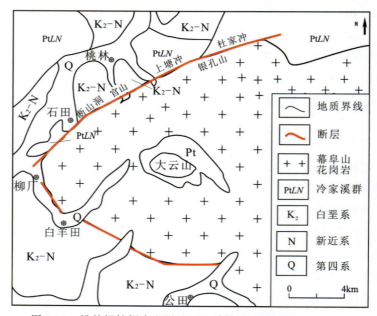

图 3-12 桃林铅锌铜多金属矿区地质简图(据张鲲等,2012 修编)

断裂走向310°,倾向南西,倾角29°~50°,断裂宽2~5m。断裂南西部分与上白垩统分水坳组断层接触,北东部分则为幕阜山花岗岩。沿断裂方向,断续可见冷家溪群、上震旦统及寒武系等残存零星出露。断裂带内岩石普遍因挤压而破碎明显,可见到较多与断裂平行的构造透镜体组成的角砾状构造岩。

矿区的褶皱构造较发育,主要位于土马坳扇形背斜东缘、次一级大云山复背斜北翼;背斜处轴部主要为燕山期幕阜山花岗岩体。

矿区岩浆岩主要为黑云母二长花岗岩,为幕阜山花岗岩体的组成部分,灰黑色—灰白色,斑状结构,块状构造,与冷家溪群呈侵入接触。

二、矿体地质

矿床可分为南、北两个矿带。其中,北矿带主要沿北东向石田畈-邱坪坳断裂展布,自南西向北东,先后分布有断山洞、官山、上塘冲、银孔山、杜家冲、邱坪坳6个基本等距分布的矿段,是矿区的矿化主要集中区;南矿带沿白羊田-冷水坑断裂展布,仅地表见微弱铅-锌矿化。本书研究主要集中在北矿带。

桃林大断裂(F_6)是矿区的主要控矿构造。自南西起至北东,断山洞、官山、上塘冲、银孔山、杜家冲、邱坪坳6个矿段,整体上东西长约13km,地表长200~800m,深部延伸长400~1900m,厚3.08~13.86m。6个矿段总产状与桃林大断裂基本相同,走向北东,倾向北西,倾角30°~45°(图3-13、图3-14)。矿体总体呈大的舒缓"板状"产于幕阜山岩体西北缘200~300m宽的岩体与围岩接触破碎带内。受桃林大断裂近东西向张性分支断裂控制,导致矿体空间平面上大致等距离分布,剖面上由北东东向南南西方向,逐步降低侧伏,侧伏角21°左右。矿体形态主要为脉状,深部多透镜状,少数为扁豆状、不规则状;沿走向时有膨胀、收缩、尖灭再现等现象。矿体存在垂向矿化分带,主要表现为底部为黄铁矿化带,向上依次为黄铜矿化带、锌矿化带、铅锌矿化带、铅矿化带,最上部为含重晶石的铅矿化带(图3-14a)。矿石品位整体较低,全矿区的Pb平均品位1.22%,Zn平均品位1.13%,Pb+Zn为3.35%,萤石品位整体较为可观。

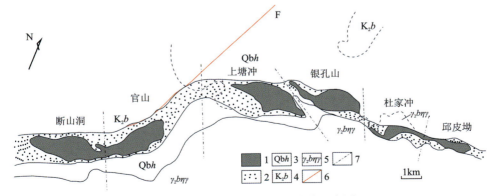

图3-13 桃林铅锌铜多金属矿床北矿带矿体水平分布示意图(据陈俊等,2008修编)

1.铅锌铜多金属矿体;2.铅锌铜多金属矿化体;3.青白口系冷家溪群黄浒洞组;4.白垩系百花亭组紫红色砂砾岩;5.幕阜山花岗岩;6.断裂;7.矿段界线

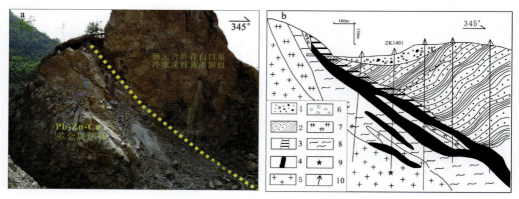

图 3-14 桃林铅锌铜多金属矿断山洞矿段矿体剖面示意图

(a.矿区断山洞矿段断层剖面;b.据张鲲等,2012 修编)

1.第四系;2.冷家溪群;3.重晶石矿体;4.铅锌矿体;5.幕阜山黑云母二长花岗岩;6.角砾岩;7.硅化带;8.绿泥石硅化带;9.岩浆岩采样位置;10.钻孔

三、矿化特征

1. 矿石特征

桃林矿区内矿石主要为硫化物铅锌矿石。依据铅-锌含量不同,可以划分为铅矿石、锌矿石和铅-锌矿石等 3 种。其中,当铅含量超过 0.7%、锌含量低于 1% 的,为铅矿石类;当铅含量低于 0.7%、锌含量超过 1% 的,为锌矿石类;当铅含量超过 0.7%、锌含量超过 1% 的,则为铅-锌矿石类。

矿石矿物主要为闪锌矿、方铅矿、黄铜矿、萤石、重晶石,脉石矿物为石英、方解石(图 3-15、图 3-16)。金属矿物主要为闪锌矿、方铅矿、黄铜矿等,非金属矿物主要为萤石、石英、方解石等。矿石结构主要有自形、半自形、他形等,矿石构造以块状、角砾状、(网)脉状、浸染状等为主(图 3-15、图 3-16)。

2. 围岩蚀变

围岩蚀变主要为绿泥石化、角砾岩化、重晶石化、萤石化、硅化、绢云母化,次为黄铁矿化及碳酸盐化。其中,绿泥石化、角砾岩化越强,矿化越富,关系最为密切。重晶石化主要分布在硅化带和红层铅锌矿体上下盘、两侧和顶部。绿泥石化、重晶石化、角砾岩化是矿区的重要找矿标志,硅化强的地方则不含矿,或只见星点状铅-锌矿、黄铁矿。

  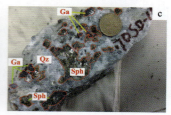

图 3-15 桃林铅锌铜多金属矿矿石地质特征

a.块状方铅矿-萤石矿物组合矿体;b.块状石英闪锌矿方铅矿矿体;c～e.网脉状—脉状石英脉穿插早期块状、脉状闪锌矿矿石中;f.角砾状石英方铅矿矿石;g、h.上塘冲矿段外围深部浸染状黄铜矿矿化;i.早期浸染状—块状闪锌矿矿石破碎后被后期石英脉及两期晚期绿泥石脉穿插;j.重晶石矿体;k.紫色、淡蓝色等两种不同颜色的萤石矿体。矿物代号:Ga.方铅矿;Sph.闪锌矿;Py.黄铁矿;Bar.重晶石;Cp.黄铜矿;Fl.萤石;Chl.绿泥石;Qz.石英。图 a～f 及图 g 采自上塘冲矿段地下采矿现场,图 g 及图 k、l 采自断山洞矿段地表采场,图 h、i 采自上塘冲矿段外围深部找矿的岩芯

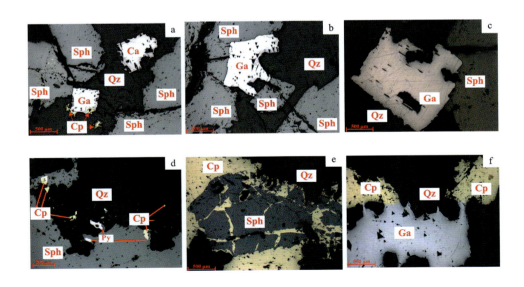

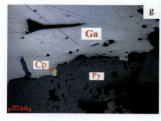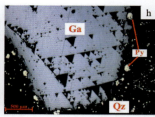

图 3-16 桃林铅锌铜多金属矿矿石显微地质特征（反射光）

a.闪锌矿被含方铅矿黄铜矿的石英脉交代,石英脉中方铅矿被后期黄铜矿交代溶蚀；b.共接边结构的方铅矿与闪锌矿被后期石英脉交代；c.方铅矿交代残余；d.闪锌矿交代残余结构；e.晚期黄铜矿晚于早期闪锌矿形成后被后期石英交代；f.共结边黄铜矿、方铅矿被后期石英脉交代；g.方铅矿与闪锌矿轻微固溶体分离结构；h.方铅矿被石英脉交代溶蚀，晚期细粒状黄铁矿形成于石英脉中；i.不规则锯齿状黄铜矿。矿物代号：Ga.方铅矿；Sph.闪锌矿；Py.黄铁矿；Cp.黄铜矿；Qz.石英

3. 成矿期与成矿阶段

综合考虑矿床地质特征、矿石结构构造、矿物共生组合、围岩蚀变作用,可将桃林铅-锌矿的成矿作用过程分为石英（Q1）-黄铁矿（Py1）、石英（Q2）-方铅矿-闪锌矿-黄铁矿（Py2）-萤石、石英（Q3）-黄铁矿（Py3）-重晶石等 3 个成矿阶段。矿床的成矿期次及主要矿物生成顺序详见表 3-3。

表 3-3 桃林铅锌铜多金属矿成矿期次及主要矿物生成顺序表

矿物	矿化期与阶段		
	石英（Q1）-黄铁矿（Py1）阶段	石英（Q2）-方铅矿-闪锌矿-黄铁矿（Py2）-萤石阶段	石英（Q3）-黄铁矿（Py3）-重晶石-方解石阶段
石英	-------	≡≡≡≡≡	-------
绿泥石			
黄铁矿	-------	≡≡≡≡≡	-------
黄铜矿		—	
方铅矿		≡≡≡≡≡	
闪锌矿		≡≡≡≡≡	
萤石		≡≡≡≡≡	
重晶石			≡≡≡≡≡
方解石			-------

注：≡.大量；—.少量；….微量。

（1）石英（Q1）-黄铁矿（Py1）成矿阶段。该阶段主要以形成大量粗粒黄铁矿（PyI）和石英（Q1）矿脉矿物组合为特征，矿化微弱。

（2）石英（Q2）-方铅矿-闪锌矿-黄铁矿（Py2）-萤石成矿阶段。该阶段主要形成大量的石英、团块状方铅矿、褐黄色闪锌矿、浸染状黄铜矿、细粒黄铁矿(Py2)等矿物组合为主要特征,同时还形成大量的萤石矿物。该阶段是矿床的重要成矿阶段,所形成的矿体主要产于矿带底部部位,矿体主要为网脉状、不规则状矿脉,局部地段可形成块状富矿。成矿温度相对较高。

(3)石英(Q3)-黄铁矿(Py3)-重晶石-方解石成矿阶段。该阶段矿化强度明显降低。Py(Ⅲ)以晚期石英脉的形式出现,黄铁矿主要形成于石英脉中。该阶段成矿温度进一步降低,并暗示随着成矿温度的逐步降低,硫化物逐步结晶完毕,硫酸盐、碳酸盐等矿物形成。

第四节 栗山铅锌铜多金属矿

栗山铅锌铜多金属矿床位于幕阜山岩体南缘与冷家溪群接触带部位(图3-17)(湖南省地质矿产局,1977,1988;赵小明等,2013)。区域地层出露主要为冷家溪群海相浅变质板岩、千枚岩、石英千枚岩、片岩,另有白垩系分布于外围大洲盆地。区域断裂构造发育,主要以北东向、北西向及南北向断层为主。区域岩浆岩发育,主要呈岩基、岩株及岩脉状侵位于冷家溪群中,可将岩浆活动划分为晋宁期、燕山期。

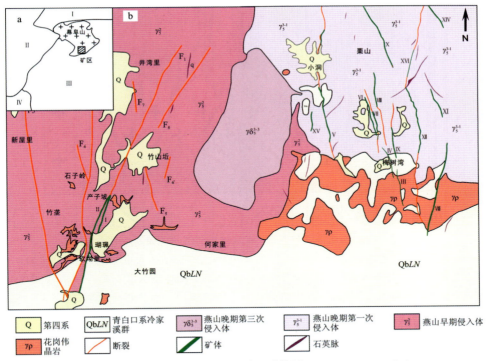

图 3-17 栗山铅锌铜多金属矿区域地质简图(据徐德明等,2018修编)

一、矿区地质

矿区地层出露较简单,主要为新元古界青白口系冷家溪群海相浅变质岩,呈薄层状,走向0°~175°,倾向40°~330°,倾角12°~60°,岩性以黑云母片岩、二云母片岩、石英片岩为主。局部与第四系构成岩体中残留顶盖或捕虏体(图 3-17、图 3-18)。第四系主要分布于公路及沟谷两侧。

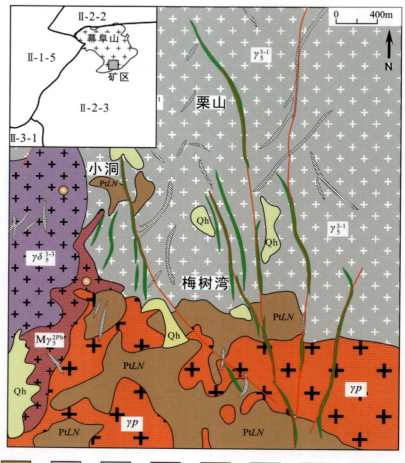

图 3-18 栗山铅锌铜多金属矿矿区地质简图(据张鲲等,2017 修编)

1.第四系全新统;2.冷家溪群;3.细粒花岗闪长岩;4.中细粒二云母花岗岩 5.中细粒黑云母二长花岗岩;
6.花岗伟晶岩;7.不含矿石英脉;8.含矿石英脉;9.实测断裂;10.岩浆岩采样位置;Ⅱ-1-5.江汉-洞庭
断陷盆地;Ⅱ-2-2.下扬子被动陆缘;Ⅱ-2-3.江南古岛弧;Ⅱ-3-1.湘中-桂中裂谷盆地

矿区内断裂构造发育,有大小断裂 40 余条,其中规模较大、延伸稳定的有 20 余条,可分为近南北向、北北西向及北北东向 3 组,延伸稳定,规模较大,一般长几百米至千余米不等,宽 1~7.5m。断裂带具多期活动特点,力学性质早期为压扭性,后期转换为张扭性。

矿区内岩浆岩广泛分布,主要有片麻状中粗粒黑云母二长花岗岩、细粒花岗闪长岩和中细粒二云母花岗岩,还有大量伟晶岩分布于岩浆岩及冷家溪群中。岩浆岩与冷家溪群呈侵入接触关系。

二、矿体地质

矿区已发现铜铅锌多金属矿体15个,总体上呈"寻状"分布,工业矿体主要有V_1、V_2、X、X_2、X_3等5个。矿体形态、产状和规模基本上受构造破碎带控制,产状总体走向为北北西,倾向北东东(图3-17、图3-18),呈明显的脉状、透镜状产出。长310~2350m,厚0.68~6.21m,厚度变化大,有时在数米范围内可见矿体呈弧形弯曲和宽窄变化现象。矿体延深不大,沿地表不连续,沿倾斜方向迅速尖灭。矿化不均匀,品位变化大。一般在断层构造带中部、断裂构造转折处、两组断裂相交处等,矿体较富。

V_1矿体规模最大,分布于观音阁—小洞一带,主要产于中细粒二云母花岗岩中(图3-17、图3-18)。矿体长约2050m,宽0.68~4.85m;走向11°~332°,倾向北东东—南东东,倾角52°~88°。中部在小洞一带被第四系覆盖,北部被后期V_2号矿体穿插破坏。矿体矿化较好,硅化强烈,主要由构造角砾岩及热液石英岩组成,主要表现为黄铁矿化、黄铜矿化、方铅矿化、闪锌矿化、萤石矿化,近地表见斑铜矿化及铜蓝。

矿床已发现铅锌金属量59.31万t(大型)、铜金属量6.50万t,伴生银金属量295.16t、萤石矿物量41.53万t、镓金属量99t。其中,铅品位0.30%~31.60%,锌品位0.37%~19.55%,铜品位0.231%~3.160%。

三、矿化特征

1. 矿石特征

矿石类型较简单,按主要金属矿物含量,可分为黄铜矿矿石、含铜铅锌矿石和铅锌矿石等类型。其中,黄铜矿矿石中可见矿物为黄铜矿、黄铁矿、孔雀石、铜蓝及脉石矿物石英、绿泥石、萤石、方解石等,含铜铅锌矿石中可见矿物为方铅矿、闪锌矿、黄铜矿、黄铁矿,脉石矿物石英、绿泥石、萤石、方解石等,铅锌矿石中可见矿物为方铅矿、闪锌矿,脉石矿物石英、绿泥石、萤石、方解石等。

矿石矿物成分总体简单,金属矿物主要有闪锌矿、方铅矿、黄铜矿(图3-19、图3-20),次为斑铜矿、黄铁矿,偶见磁黄铁矿、辉铜矿、蓝铜矿、砷黝铜矿、褐铁矿、孔雀石、铜蓝;非金属矿物主要有石英、萤石、绿泥石、方解石、重晶石等。矿石矿物主要有闪锌矿、方铅矿、黄铜矿、斑铜矿、孔雀石、萤石、重晶石等,脉石矿物主要有黄铁矿、褐铁矿、石英、绿泥石、方解石等。

矿石结构主要有自形、半自形、他形粒状结构以及交代残留状、网状、镶嵌状结构等(图3-19、图3-20)。

方铅矿、闪锌矿常呈自形—半自形粒状及集合体状分布于硅化构造角砾岩及石英角砾岩中,二者以平直接触为主,互嵌则形成镶嵌结构,常见于含铜铅-锌矿石、铅-锌矿石中。方铅矿、闪锌矿、黄铜矿不同程度地被石英、萤石交代形成交代残留结构。矿石构造主要为浸染状、斑块状、条带状、角砾状、块状等,近地表风化矿石中还可见蜂窝状构造(图3-19、图3-20)。其中,角砾状构造在3种矿石类型中均十分常见。浸染状构造,常可见于黄铜矿矿石、含铜铅锌矿石中。细脉状、条带状、致密块状等构造,多见于含铜铅锌矿石、铅锌矿石中。

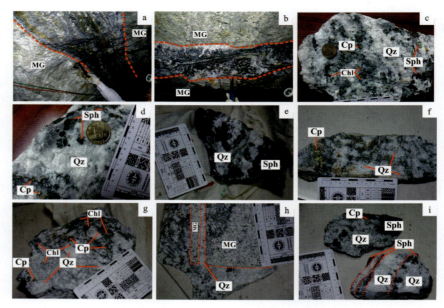

图 3-19 栗山铅锌铜多金属矿矿石地质特征

a、b. 脉状萤石黄铜矿方铅矿闪锌矿矿体充填于二长花岗岩断裂构造;c、d. 块状石英黄铜矿闪锌矿矿石;e. 块状闪锌矿被后期石英脉胶结;f、g. 石英脉中的鳞片状绿泥石及浸染状、脉状黄铜矿黄铁矿化;h. 含黄铜矿及其氧化物的石英脉充填于二长花岗岩中;i. 块状、脉状闪锌矿矿石。矿物代号:Ga. 方铅矿;Sph. 闪锌矿;Py. 黄铁矿;Cp. 黄铜矿;Qz. 石英;Chl. 绿泥石;MG. 二长花岗岩

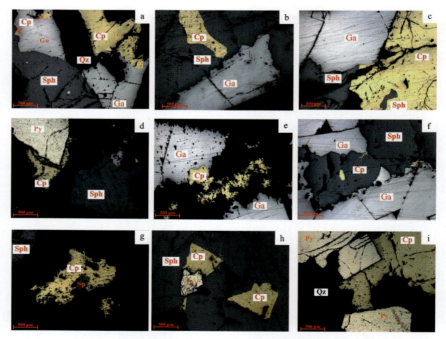

图 3-20 栗山铅锌铜多金属矿矿石显微地质特征(反射光)

a. 闪锌矿、方铅矿、黄铜矿近同时形成,被晚期石英脉交代;b. 黄铜矿、闪锌矿近同时形成,闪锌矿与方铅矿锯齿状接触;c. 闪锌矿与黄铜矿包含结构;e. 黄铜矿、方铅矿、闪锌矿矿物组合;f. 早期方铅矿被晚期含黄铜矿热液交代溶蚀;g. 方铅矿被晚期黄铜矿闪锌矿矿物组合交代;h. 热液中沉淀的黄铜矿、闪锌矿组合;i. 黄铜矿、黄铁矿与闪锌矿的包含结构;j. 早期近同时形成的黄铁矿、黄铜矿被后期热液流体交代溶蚀。矿物代号:Ga. 方铅矿;Sph. 闪锌矿;Py. 黄铁矿;Cp. 黄铜矿;Fl. 萤石;Qz. 石英

2. 围岩蚀变

围岩蚀变除硅化外，还有绢云母化、绿泥石化、萤石化，偶见碳酸盐化、重晶石化等，其中萤石化、硅化与铅锌矿化关系密切，绿泥石化强烈处往往铜矿品位较高。

3. 成矿期与成矿阶段

根据矿床地质特征、矿化特征、矿石结构构造、矿物共生组合、围岩蚀变作用等特征，栗山铅锌铜矿的成矿作用可分为石英(Q1)-黄铁矿(Py1)、石英(Q2)-萤石-硫化物、石英(Q3)-黄铁矿(Py3)-方解石 3 个阶段。成矿期次及主要矿物生成顺序详见表 3-4。

表 3-4 栗山铅锌铜多金属矿成矿期次及主要矿物生成顺序表

矿物	矿化期与阶段		
	石英(Q1)-粗粒黄铁矿(Py1)阶段	石英(Q2)-萤石-硫化物阶段	石英(Q3)-黄铁矿(Py3)-方解石阶段
石英	▬▬▬▬	▬▬▬▬	▬▬▬▬
绿泥石	———	———	———
黄铁矿	-------		-------
黄铜矿			
方铅矿		▬▬▬▬	
闪锌矿		▬▬▬▬	
萤石	-------	▬▬▬▬	
方解石			———

注：▬，大量；——，少量；----，微量。

(1) 石英(Q1)-黄铁矿(Py1)阶段。该阶段主要以形成大量粗粒石英(Q1)为特征，以及少量的粗粒黄铁矿(Py1)，总体上矿化微弱。

(2) 石英(Q2)-萤石-硫化物阶段。该阶段发生于含矿热液沿断裂构造充填形成期，主要形成大量的浸染状、细粒状深灰黑色—黑色方铅矿和深棕—棕黑色闪锌矿及块状黄铜矿为主，伴生细粒状黄铁矿(Py2)以及大量的萤石矿化和绿泥石、石英等矿物组合等为主要特征。围岩蚀变以硅化为主，绿泥石化次之。该阶段是栗山矿床的主要成矿阶段，所形成的矿体主要产于脉状矿体的中部，矿体形态主要为脉状、块状，矿化强度大，成矿温度相对高。

(3) 石英(Q3)-黄铁矿(Py3)-方解石阶段。该阶段成矿强度已降低，主要以相对明显更细小的黄铁矿(Py3)、萤石及方解石等。该阶段的围岩蚀变以硅化和绢云母化为主该阶段的出现指示成矿温度进一步降低，方解石等碳酸盐矿物形成。

第四章 测试分析方法

一、岩浆岩锆石分选与制靶

桃林铅锌铜多金属矿的黑云母二长花岗岩、栗山铅锌铜多金属矿区的黑云母二长花岗岩、中细粒二云母花岗岩等样品的破碎、锆石分选等工作委托河北省廊坊市宇能岩石地质勘查技术服务有限公司完成。将岩浆岩经人工破碎后,采用常规重-磁选方法,除去长石、石英等相关矿物,在双目镜下挑选出晶形好、透明度好、无裂隙、无包裹体的锆石单矿物颗粒,每个样品约500粒。相应的锆石制靶工作委托南京宏创地质勘查技术服务有限公司负责完成。采用环氧树脂固定锆石颗粒150粒左右至专用靶,并对锆石颗粒抛光至露出颗粒一半左右。通过阴极射线发光及显微照片,可以开展锆石形态和内部的详细研究,区分不同成因不同期次的锆石微区。其中,桃林铅锌铜多金属矿的黑云母二长花岗岩、栗山铅锌铜多金属矿区的黑云母二长花岗岩、中细粒二云母花岗岩的阴极射线发光及显微照片拍摄,委托南京宏创地质勘查技术服务有限公司完成,井冲矿区的连云山二云母二长花岗岩的CL图像及显微照片拍摄于中国地质大学(武汉)地质过程与矿产资源国家重点实验室。

二、锆石 U-Pb 年代学

桃林铅锌铜多金属矿的黑云母二长花岗岩、栗山铅锌铜多金属矿区的黑云母二长花岗岩及中细粒二云母花岗岩、井冲铜钴铅锌矿区的二云母二长花岗岩的锆石 LA-ICP-MS U-Pb 定年均在中国地质大学(武汉)地质过程与矿产资源国家重点实验室完成。实验过程中,结合锆石 CL 及显微镜反射光、透射光,认真观察锆石内部结构,排除裂隙、包裹体后,对锆石靶遴选重点区域进行 LA-ICP-MS U-Pb 定年。分析仪器型号 Agilent 7500a,激光剥蚀系统为 GeoLas 2005,激光斑束直径 $32\mu m$,脉冲频率 10Hz,能量稳定性 $2.5J/cm^2$。测试过程用 He 作为剥蚀物质载气,采样方法采用单点剥蚀方式,数据采集选用一个质量波峰一点的跳跃方式。每完成5个测试点测定需加测标准样品一次。在所测全部锆石分析样品前后,各加测2次标准样。以锆石 GJ-1 为外标,U、Pb 含量以锆石 M127($U=923\times10^{-6}$;$Th=439\times10^{-6}$;$Th/U=0.475$)为外标进行校正。测试过程可参考 Liu 等(2010)的测试结果。分析数据处理,包括对样品和空白信号的选择、仪器灵敏度漂移校正、元素含量及 U-Th-Pb 同位素比值和年龄计算等工作,采用 ICPMS DataCal 软件完成,仪器操作和数据处理方法同 Liu 等(2008,2010),锆石年龄和谐图谱用 LSOPLOT 4.0 程序计算获得。年龄计算采用 IUGS 推荐值,单点误差为 1σ,加权平均值95%置信度。

三、锆石 Lu-Hf 同位素

在完成 U-Pb 同位素测试后,选择获取有意义年龄锆石颗粒,在其原位或附近进行相应的 Lu-Hf 同位素测试。其中,桃林铅锌铜矿区的黑云母二长花岗岩样品(TL-4-6)、栗山铅锌铜矿区的黑云母二长花岗岩(LS-12-1)、中细粒二云母花岗岩(LS-10-1)的样品中相应锆石颗粒的 Lu-Hf 同位素分析在中国地质大学(武汉)地质过程与矿产资源国家重点实验室完成,井冲矿区的连云山二云母二长花岗岩(JC4-1)中相应锆石颗粒的 Lu-Hf 同位素分析在西北大学大陆动力学国家重点实验室完成。前者的实验测试及应用可参见吴福元等(2007)、侯可军等(2007)的测试结果,分析实验过程采用 He 作为剥蚀物质载气,剥蚀激光斑束直径 $44\mu m$,使用 GJ1 作为参考物质,$^{176}Hf/^{177}Hf$ 测试加权平均值为 $0.282008\pm0.000025(2\sigma, N=26)$;后者的分析仪器为多接受电感耦合等离子质谱仪 MC-ICP-MS(Nu Plasma),实验过程也采用 He 作为剥蚀物质载气,激光斑束直径 $42\mu m$,分析的步骤和流程同徐平等(2004)和 Yuan 等(2008),采用标准锆石 91500、MON-1 和 GJ-1 作为标准样,分析精度和误差用标准样进行校准,误差为 2σ,实验测试标准锆石 91 500 的分析结果 $^{176}Hf/^{177}Hf$ 的值(0.282307 ± 0.000016)与参考值一致。

四、硫和铅同位素

河北省廊坊市宇能岩石地质勘查技术服务有限公司完成井冲铜钴铅锌多金属矿、桃林铅锌铜矿、栗山铅锌铜矿主成矿期铅锌铜多金属矿石标本样品的碎样与硫化物单矿物分选工作。主要将选取的样品手工逐级破碎、过筛,并在双目镜下认真挑选粒径 40~60 目,纯度大于 99% 的黄铁矿、方铅矿、闪锌矿等单矿物样品 5g 以上。将挑纯后的单矿物样品在玛瑙钵里研磨至 200 目以下,送中国地质调查局武汉地质调查中心同位素地球化学研究室测试硫、铅同位素。

硫同位素分析流程:硫同位素分析的化学制备工作,需将硫化物单矿物与氧化铜粉末混合研磨至 200 目后,真空条件下加热反应生成 SO_2 气体;质谱分析采用在气体质谱仪 MAT251 上对收集的二氧化硫气体进行硫同位素组成分析,结果以相对 V-CDT 值给出。上述质谱分析过程采用工作标准 LTB-2 和标样 NBS123 及重复样(数量为样品总数的 30%)进行质量监控。其中,LTB-2 的 $\delta^{34}S=(1.84\pm0.03)‰$,NBS123 的 $\delta^{34}S$ 测定值 $=(17.01\pm0.01)‰$,与其推荐值在误差范围内完全一致,且重复样测定结果在误差范围内亦完全一致,表明样品测定结果可信可靠。详细分析流程参见蔡应雄等(2014)。

铅同位素分析流程:称取单矿物样品 5~20mg,置于聚四氟乙烯密封溶样罐,加入盐酸和硝酸,并在 180℃ 条件下密闭溶解样品。待样品全溶后蒸干,再加入 6mol/L 盐酸溶解并再次蒸干。加入适量 HBr(1mol/L)和 HCl(2mol/L)的混合酸。离心后,将上层清液加入 AG-1×8 阴离子树脂柱,依次用 0.3mol/L 氢溴酸(HBr)和 0.5mol/L 盐酸(HCl)淋洗杂质。最后用 6mol/L 盐酸(6mL)解吸铅,蒸干后待上质谱检测。Pb 同位素比值分析在 MAT-261 热电离质谱仪上完成。实验中,使用标准物质 NBS981 监控仪器状态,其 $^{207}Pb/^{206}Pb$ 平均值为 0.91440 ± 0.00020,与推荐值(0.91447 ± 0.00025)在误差范围内一致。Pb 的全流程空白

为 2.5×10^{-9}。详细分析流程见 Qiu 等(2015)。

五、硫化物单矿物 Rb-Sr 同位素等时线

井冲矿区黄铁矿等单矿物 Rb-Sr 同位素等时线、栗山矿区及桃林矿区的闪锌矿单矿物的 Rb-Sr 同位素等时线测年工作在中国地质调查局武汉地质调查中心同位素地球化学研究室完成。硫化物单矿物 Rb-Sr 同位素组成测试分析流程:已挑纯的硫化物单矿物样品在高温下爆裂 2h,然后放置在稀盐酸中浸泡 12h,超纯水清洗后放入超纯水中用超声波机清洗 4~5 遍并烘干备用。称取适量硫化物单矿物样品加入 ^{85}Rb+^{84}Sr 混合稀释剂,用适量王水溶解样品,采用阳离子树脂(Dowex50×8)交换法分离和纯化 Rb、Sr。用热电离质谱仪 Triton 分析铷、锶同位素组成,用同位素稀释法计算试样中的 Rb、Sr 含量及锶同位素比值。在整个分析过程中,用 NBS987、NBS607 和 GBW04411 标准物质,分别对仪器、分析流程进行监控。NBS987 的 ^{87}Sr/^{86}Sr 同位素组成测定值为 $0.710\,32\pm0.000\,04(2\sigma)$,与其证书值 $0.710\,34\pm0.000\,26(2\sigma)$ 在误差范围内一致;NBS607 的 Rb、Sr 含量与 ^{87}Sr/^{86}Sr 值分别为 $Rb=523.20\times10^{-6}$,$Sr=65.70\times10^{-6}$ 和 ^{87}Sr/^{86}Sr$=1.200\,50\pm0.000\,04(2\sigma)$,与其证书值$[523.90\pm1.01、65.485\pm0.30、1.200\,39\pm0.000\,20(2\sigma)]$在误差范围内一致;GBW04411 的 Rb、Sr 含量与 ^{87}Sr/^{86}Sr 值分别为 $Rb=249.90\times10^{-6}$、$Sr=158.80\times10^{-6}$ 和 ^{87}Sr/^{86}Sr$=0.760\,09\pm0.000\,03(2\sigma)$,与其证书值$[249.47\pm1.04、158.92\pm0.7、0.759\,99\pm0.000\,20(2\sigma)]$在误差范围内一致。同位素分析样品制备的全过程均在超净化实验室内完成,全流程 Rb、Sr 空白分别为 4×10^{-10} 和 8×10^{-10}。具体可参考杨红梅等(2012)、张云新等(2014)。

六、萤石单矿物 Sm-Nd 同位素等时线

萤石单矿物 Sm-Nd 同位素等时线测年工作在中国地质调查局武汉地质调查中心同位素地球化学研究室完成。Sm-Nd 同位素组成测试分析流程为:平行称取两份适量样品,第一份加入 ^{145}Nd+^{149}Sm 混合稀释剂,第二份不加稀释剂,用氢氟酸和高氯酸分别溶解样品,赶酸后用稀盐酸提取,清液上 Dowex50×8 阳离子交换树脂进行分离和纯化,加了稀释剂的解吸液待蒸干后,备用 Sm、Nd 含量质谱分析,未加稀释剂的解吸液蒸干后,继续用稀盐酸提取上 P507 有机萃取树脂柱(2-乙基己基膦酸单-2-乙基己基酯)分离纯化 Nd,以用做 Nd 同位素比值分析。本次 Sm、Nd 同位素组成采用热电离质谱仪 Triton 分析,质谱分析中产生的质量分馏须采用 ^{146}Nd/^{144}Nd$=0.721\,9$ 进行幂定律校正,Sm、Nd 含量主要采用同位素稀释法公式计算得到。样品化学分析在超净化实验室完成,使用器皿为氟塑料或高纯石英烧杯。所用试剂为市售高纯试剂经亚沸蒸馏器蒸馏所得。整个分析过程,采用 GBW04419、BCR-2 和 GSW 标准物质,分别对全流程、仪器进行监控。获得的 GBW04419 标准测定平均值分别为:Sm/$(10^{-6})=3.03$,Nd/$(10^{-6})=10.09$,^{143}Nd/^{144}Nd$=0.512\,720\pm4$,BCR-2 的测定平均值分别为:Sm/$(10^{-6})=6.51$,Nd/$(10^{-6})=28.76$,^{143}Nd/^{144}Nd$=0.512\,621\pm3$;GSW 的 ^{143}Nd/^{144}Nd$=0.512\,436\pm4$,与其推荐值在误差范围内一致。全流程 Nd、Sm 空白分别为 17.4×10^{-11} 和 6.6×10^{-11}。具体可见彭建堂等(2003)、李文博等(2004)、衣龙升等(2016)、刘善宝等(2017)。

七、流体包裹体均一温度、冰点温度、H-O 同位素测试

流体包裹体是封存在矿物和岩石中的重要古流体。由于它记录了地球内部地质作用与成矿过程的相关信息,因此,通过对流体包裹体的系统研究,可以获得成岩与成矿过程中的温度和压力条件、流体的化学组成以及流体来源等信息,以查明成岩、成矿过程中地质流体的行为和作用,解释成岩与成矿的进程及条件。

分析和研究流体包裹体的首要步骤是在显微镜下对流体包裹体进行岩相学研究,即在显微镜下对流体包裹体数量、丰度、类型(原生、次生、假次生)进行描述和区分。原生包裹体是在矿物的结晶过程中被捕获的包裹体,与主矿物同时形成,通常沿着矿物的生长面分布;次生包裹体形成于主矿物结晶之后,主要指后期热液沿着矿物的裂隙、解理、孔隙进来,对矿物进行溶解,使其重结晶,在此过程中捕获形成了次生包裹体。因此,为了更好的获得成矿过程流体演化的信息,在实验测试,选用原生包裹体进行研究。

本次七宝山、井冲、桃林及栗山等 4 个矿区的成矿流体包裹体的切片工作委托中国地质大学(武汉)资源学院矿相学实验室完成。包裹体的均一温度、冰点温度测试工作委托中国科学院地质与地球物理研究所流体包裹体研究实验室完成。测试过程主要采用 Carl Zeiss Axioskop 40 和 Nikon 透射/反射两用光学显微镜+摄像(照相)系统,通过英国 Linkam 公司生产的 THMSG 600 冷/热台及 TS1500 高温热台,观察在加温或冷冻过程中流体包裹体相态的连续变化,并记录相应的均一温度和冰点温度。THMSG 600 冷/热台及 TS1500 高温热台仪器的的温度涵盖范围可以从 $-196℃$ 至 $600℃$,冷冻/加热速率可以从 $0.01℃/min$ 至 $130℃/min$,最高加热温度可至 $1500℃$。

井冲、桃林及栗山等 3 个矿区流体包裹体的 H-O 同位素分析,委托核工业北京地质研究院分析测试研究中心完成。其中,氢同位素测试,根据《水中氢同位素的锌还原法测定》(DZ/T 0184.19—1997),在 MAT-253 气体同位素质谱计上完成。氧同位素测试,根据《硅酸盐及氧化物矿物中氧同位素组成的五氟化溴法测定》(DZ/T 0184.13—1997)标准,在 Delta V Advantage 仪器上完成。

第五章 七宝山铜(金)多金属矿成矿作用及成因

第一节 成岩成矿时代

一、成岩时代

1. 锆石形貌学

胡俊良等(2016)指出,矿区含矿岩体为石英斑岩,锆石从无色透明到浅黄色,形态较简单,以短柱状为主,长 150～250 μm,长宽比为 1.5～4。多数锆石呈自形—半自形,柱面、锥面均可见。大部分锆石具有简单而清晰的振荡环带,少部分锆石颗粒也具有典型的"核—幔—边"复合结构,但整体上为典型的岩浆锆石。

2. 锆石 U-Pb 年代学

胡俊良等(2016)的锆石 LA-ICP-MS U-Pb 测年数据精度不及 Yuan 等(2018),推测可能部分锆石颗粒含有包裹体或破裂缝导致。Yuan 等(2018)在矿区开展石英斑岩的锆石 LA-MC-ICP-MS U-Pb 定年及 SIMS U-Pb 定年结果见图 5-1、图 5-2,获得的年龄分别为 (151±1.9)Ma(MSWD=0.96,N=14)、(148±1.2)Ma(MSWD=1.6,N=24),两者在误差范围内一致,表矿区石英斑岩的成岩时代。

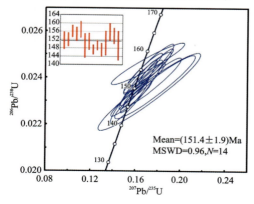 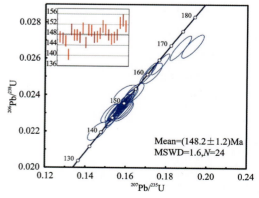

图 5-1 石英斑岩 LA-ICP-MS 锆石 U-Pb 年龄谐和图(原始数据据 Yuan et al,2018)

图 5-2 石英斑岩 SIMS 锆石 U-Pb 年龄谐和图(原始数据据 Yuan et al,2018)

3. 锆石 Lu-Hf 同位素

Yuan 等(2018)在锆石 U-Pb 定年的基础上,对获得了有效年龄的石英斑岩进行了锆石微区原位 Hf 同位素分析,详见图 5-3、图 5-4。结果显示,锆石 ^{176}Lu/^{177}Hf 值介于 0.000 663~0.001 821,均小于 0.002,说明锆石中的 ^{176}Lu 及由其衰变而成的质量相对于 ^{177}Hf 的质量要低得多,分析获得的 ^{176}Hf/^{177}Hf 值可以近似代表锆石的原始 ^{176}Hf/^{177}Hf 值。^{176}Hf/^{177}Hf 同位素为 0.281 972~0.282 528,对应的 $\varepsilon_{Hf}(t)$ 值为 -15.8~-5.5,均为负值,计算的亏损地幔模式年龄(T_{DM1})集中在 1791~1023Ma,平均地壳模式年龄(T_{DM2})集中于 2265~1548Ma。锆石地壳模式年龄(T_{DM2})和 $\varepsilon_{Hf}(t)$ 频数图(图 5-3)上,$\varepsilon_{Hf}(t)$ 值主要集中在 -11~-7 之间,地壳模式年龄(T_{DM2})集中于 1900~1600Ma。在 $\varepsilon_{Hf}(t)$-T_{Ma}(a)和 ^{176}Hf/^{177}Hf-T_{Ma}(b)图解上(图 5-4),投点集中于球粒陨石线之下且多数在下地壳演化线上下,表明石英斑岩主要由下地壳物质熔融形成;结合平均地壳模式年龄(T_{DM2})说明岩浆主要是古元古代至中元古代地壳部分熔融的产物。

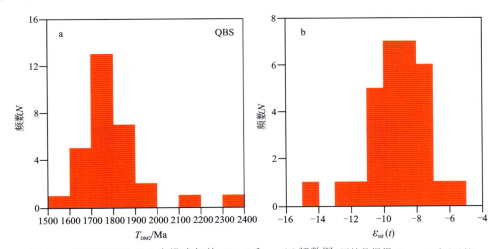

图 5-3 石英斑岩锆石地壳模式年龄(T_{DM2})和 $\varepsilon_{Hf}(t)$ 频数图(原始数据据 Yuan et al,2018)

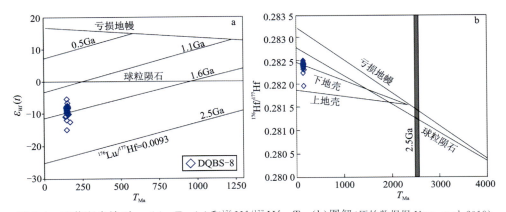

图 5-4 石英斑岩锆石 $\varepsilon_{Hf}(t)$-T_{Ma}(a)和 ^{176}Hf/^{177}Hf-T_{Ma}(b)图解(原始数据据 Yuan et al,2018)

二. 成矿时代

七宝山铜(金)多金属矿的成矿时代,胡俊良等(2017)、Yuan 等(2018)分别开展含矿石英脉中的流体包裹体 Rb-Sr 等时线法定年(图 5-5)及辉钼矿单矿物 Re-Os 同位素等时线定年(图 5-6)。

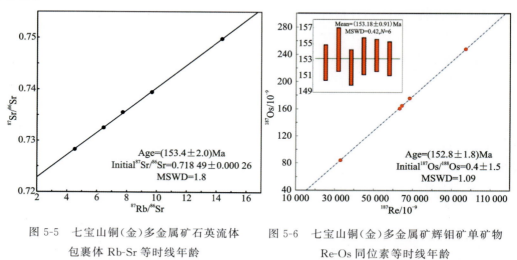

图 5-5 七宝山铜(金)多金属矿石英流体　　图 5-6 七宝山铜(金)多金属矿辉钼矿单矿物
包裹体 Rb-Sr 等时线年龄　　　　　　　　　Re-Os 同位素等时线年龄
(原始数据据胡俊良等,2017)　　　　　　　　　(原始数据据 Yuan et al,2018)

胡俊良等(2017)主要基于 Rb、Sr 在石英矿物中主要赋存于流体包裹体中,成功获得含矿石英脉中的流体包裹体 Rb-Sr 等时线年龄为(153.4±2.0)Ma(MSWD=1.8),并获得了初始 $^{87}Sr/^{86}Sr$ 值为 0.718 49±0.000 26。其中,石英矿物 Rb 含量为 $0.622\,00\times10^{-6} \sim 2.408\,00\times10^{-6}$,Sr 含量 $0.341\,60\times10^{-6} \sim 0.499\,60\times10^{-6}$,$^{87}Rb/^{86}Sr$ 值变化范围在 $5.524\,0 \sim 15.360\,0$ 之间,$^{87}Sr/^{86}Sr$ 值为 $0.728\,29 \sim 0.749\,81$。该等时线年龄代表七宝山铜(金)多金属矿床的成矿年龄为晚侏罗世,与石英斑岩的锆石 U-Pb 年龄 148~151Ma 接近且在误差范围内一致,说明七宝山矿床形成与石英斑岩体关系密切(胡俊良等,2017)。

Yuan 等(2018)通过开展七宝山矿床中的矽卡岩型磁铁矿体中与磁铁矿及黄铁矿共生的辉钼矿单矿物 Re-Os 同位素研究,获得了 6 个辉钼矿单矿物样品的模式年龄分别为(152.7±2.2)Ma、(155.3±2.7)Ma、(152.1±2.2)Ma、(153.5±2.3)Ma、(153.6±2.0)Ma、(153.2±2.1)Ma,平均(153.2±0.9)Ma,并形成非常谐和的等时线年龄 Mean=(153.18±0.91)Ma(MSWD=0.42,N=6),以代表七宝山铜(金)多金属矿的成矿时代。该结果与胡俊良等(2017)获得的流体包裹体 Rb-Sr 等时线年龄(153.4±2.0)Ma(MSWD=1.8)在误差范围内一致,相互印证,代表七宝山矿床的成矿时代约 153Ma。

根据前人所测试的成岩成矿时代分别为 151Ma、153Ma。对此情况,尽管两者在误差范围内一致,但仍显示成矿时间略早于石英斑岩的成岩年龄,与正常情况略有矛盾。如果测试数据准确无误,笔者认为可能还存在相对较早形成的深部岩体,石英斑岩应该是其浅部的分支部分。这仍需要进一步的研究和探讨。

第二节 成矿岩体岩石地球化学特征

一、岩石学

胡俊良等(2016)详细研究了石英斑岩的岩石学特征,指出石英斑岩主要呈灰白色,块状构造。主要矿物成分为正长石、石英、斜长石,有少量黑云母及少量磷钇矿、锆石、磷灰石等副矿物。石英斑晶粒径一般为3mm左右,斑晶普遍受到溶蚀,大多被溶蚀成浑圆状及港湾状,基质石英无色透明,大多为他形粒状,粒径一般小于0.02mm。正长石呈斑晶及基质产出。斑晶正长石多为半自形,粒径为2~4mm,卡斯巴双晶发育,基质正长石粒径大多小于0.02mm,大多已蚀变为高岭石等黏土矿物。除此以外,胡俊良等(2016)还指出,斑岩体中的斜长石较少,一般为半自形宽板状,粒径一般为0.01mm,常见聚片双晶,在显微镜下测得An=22,属更长石,且已基本蚀变为绢云母。黑云母整体较少,大多已蚀变为绿泥石。

二、岩石地球化学

胡俊良等(2016)研究了石英斑岩岩石地球化学特征,笔者筛选出其无风化蚀变样品的测试数据进一步分析(表5-1),发现石英斑岩的SiO_2含量59.94%~69.6%,含量较低;贫钙贫镁(CaO含量0.294%~1.72%,MgO含量0.604%~1.92%);低碱(Na_2O+K_2O=3.08%~7.32%,平均5.67%),碱含量低于华南及世界花岗岩的含量水平(Taylor et al,1985;Sun et al,1989);岩石富钾贫钠(K_2O/Na_2O=0.64~13.59),K_2O含量范围变化大,介于1.58%~6.82%之间,SiO_2-K_2O关系图指示为钙碱性-钾玄岩系列岩石(图5-7);富铝(Al_2O_3含量13.76%~17.03%),远大于Na_2O+K_2O含量;A/CNK值为1.12~3.31,在A/CNK-A/NK图解上,全部落入过铝质区域,显示铝过饱和特征(图5-8)。因此,矿区石英斑岩总体上属于过铝质高钾钙碱性-钾玄岩系列岩石。

表5-1 七宝山石英斑岩主量元素质量分数(wt/%)及微量元素含量($\times 10^{-6}$)(据胡俊良等,2012)

样品	石英斑岩	石英斑岩	石英斑岩	石英斑岩	石英斑岩	石英斑岩	石英斑岩
样号	QB-5	QB-15	QB-16	QB-18	QB27	QB28	QB29
SiO_2	66.24	67.92	59.94	61.08	63.66	69.46	69.60
TiO_2	0.44	0.41	0.33	0.42	0.33	0.49	0.35
Al_2O_3	15.56	13.81	14.45	15.41	13.76	17.03	15.94
Fe_2O_3	4.25	2.23	9.81	4.31	8.29	1.49	2.92
FeO	1.32	1.23	1.33	1.09	1.40	1.34	1.15
MnO	0.01	0.03	0.01	0.03	0.01	0.02	0.01
MgO	1.05	1.71	0.65	1.92	0.60	1.04	0.67
CaO	0.44	3.58	0.50	1.72	0.60	0.85	0.29

续表 5-1

样品	石英斑岩	石英斑岩	石英斑岩	石英斑岩	石英斑岩	石英斑岩	石英斑岩
样号	QB-5	QB-15	QB-16	QB-18	QB27	QB28	QB29
Na_2O	0.44	2.46	0.50	0.50	0.48	0.47	0.46
K_2O	4.59	1.58	4.41	6.82	3.98	2.61	3.42
P_2O_5	0.20	0.18	0.13	0.22	0.17	0.25	0.05
灼失	4.44	4.37	7.37	5.69	6.16	5.35	4.88
合计	98.97	99.51	99.43	99.22	99.44	100.40	99.75
Na_2O+K_2O	5.03	4.04	4.91	7.32	4.46	3.08	3.88
K_2O/Na_2O	10.55	0.64	8.80	13.59	8.31	5.58	7.39
A/CNK	2.40	1.12	2.21	1.36	2.22	3.31	3.18
A/NK	2.73	2.40	2.58	1.87	2.69	4.73	3.56
Sr	33.10	280.00	10.20	131.00	9.59	27.60	17.10
Ba	569.00	100.00	286.00	1 200.00	366.00	342.00	474.00
Co	6.94	5.99	6.60	13.70	9.95	6.43	20.20
Ni	4.95	4.10	2.89	4.22	3.79	3.21	4.25
Cr	16.10	11.30	11.80	11.80	11.80	5.25	13.00
Cu	1 340.00	1 240.00	208.00	99.00	416.00	5.45	297.00
Pb	81.90	56.00	58.70	120.00	104.00	52.80	65.40
Zn	100.00	195.00	34.30	127.00	104.00	109.00	42.50
W	17.90	8.20	93.40	29.00	53.00	3.10	35.50
Bi	11.40	0.79	5.72	2.51	26.20	0.09	0.68
P	860.14	785.92	580.70	978.03	742.25	1 091.55	209.58
K	38 087.23	13 110.64	36 593.62	56 591.49	33 025.53	21 657.45	28 378.72
Ti	2 628.00	2 442.00	1 950.00	2 520.00	1 962.00	2 952.00	2 112.00
La	57.20	13.50	25.90	41.50	15.50	55.80	26.90
Ce	86.10	27.50	41.90	63.00	24.20	79.30	44.40
Pr	12.60	4.84	6.57	9.36	3.77	11.90	7.33
Nd	44.20	19.10	24.10	33.10	14.00	41.90	28.20
Sm	7.44	3.82	4.27	5.78	2.57	7.14	5.59
Eu	1.86	0.93	0.85	1.37	0.48	1.55	1.36
Gd	5.94	2.87	3.47	4.66	2.11	5.52	4.37
Tb	0.69	0.38	0.44	0.58	0.28	0.67	0.58

续表 5-1

样品	石英斑岩	石英斑岩	石英斑岩	石英斑岩	石英斑岩	石英斑岩	石英斑岩
样号	QB-5	QB-15	QB-16	QB-18	QB27	QB28	QB29
Dy	2.92	1.70	1.99	2.44	1.26	2.82	2.71
Ho	0.46	0.28	0.33	0.39	0.21	0.44	0.46
Er	1.28	0.80	0.96	1.05	0.64	1.14	1.19
Tm	0.18	0.11	0.12	0.14	0.09	0.15	0.18
Yb	1.10	0.64	0.79	0.91	0.60	1.00	1.10
Lu	0.14	0.08	0.10	0.12	0.08	0.12	0.14
Y	11.20	6.70	8.25	9.32	5.16	10.70	10.00
Yb_N	6.47	3.76	4.65	5.35	3.53	5.88	6.47
ΣREE	222.11	76.55	111.79	164.40	65.78	209.45	124.51
LREE	209.40	69.69	103.59	154.11	60.52	197.59	113.78
HREE	12.71	6.86	8.20	10.29	5.26	11.86	10.73
LREE/HREE	16.48	10.15	12.63	14.98	11.50	16.66	10.60
$(La/Yb)_N$	37.30	15.13	23.52	32.71	18.53	40.03	17.54
$(La/Sm)_N$	4.96	2.28	3.92	4.64	3.89	5.05	3.11
$(La/Gd)_N$	8.35	4.08	6.47	7.72	6.37	8.77	5.34
$(Gd/Yb)_N$	4.47	3.71	3.63	4.24	2.91	4.57	3.29
$(Dy/Yb)_N$	1.78	1.78	1.69	1.79	1.41	1.89	1.65
δEu	0.86	0.86	0.68	0.81	0.63	0.75	0.84
δCe	0.79	0.83	0.79	0.78	0.78	0.75	0.78
C/MF	0.08	0.73	0.06	0.26	0.08	0.24	0.08
A/MF	1.56	1.55	0.90	1.29	0.98	2.65	2.26

石英斑岩具有富轻稀土(LREE)，大离子亲石元素(LILE)Ba、K、Pb 等，以及贫 Ti 和亏损重稀土元素(HREE)特点(图 5-9)，同时富集 Cu、Pb、Zn 等成矿元素。Ba、K 等大离子亲石元素明显富集，其含量相当于原始地幔的数十倍至数百倍，明显高于大陆地壳的平均值，说明岩石成分并非大陆地壳成分熔融而成；Sr 含量部分在 30 左右，与地壳丰度(38)相近，且 Ce/Nd 的值较高(均＞1)，反映其成分与大陆地壳非常相似，说明石英斑岩岩石组分中包含地壳组分但又不全是地壳组分。

稀土元素总量较低，ΣREE 为 $65.78×10^{-6} \sim 222.11×10^{-6}$，LREE/HREE＝$10.15 \sim 16.66$，$(La/Yb)_N$＝$15.13 \sim 40.02$；δEu 为 $0.63 \sim 0.86$，平均为 0.77，具有弱负铕异常(图 5-10)。LREE 分馏显著，$(La/Gd)_N$＝$4.08 \sim 8.76$；HREE 分馏较弱，$(Dy/Yb)_N$＝$1.41 \sim 1.89$，整体

表现为轻稀土富集,重稀土亏损的右倾配分模式特征曲线。Eu 弱异常指示其源区可能经历了斜长石结晶分异作用。推测岩浆源区主要为地壳物质部分熔融,岩浆熔融过程中有幔源物质的加入,属壳幔同熔型花岗岩。

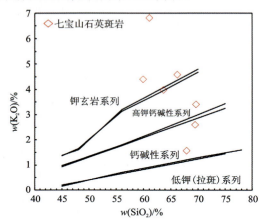

图 5-7 七宝山石英斑岩 $SiO_2 - K_2O$ 关系图
（据 Peccerillo et al,1976）

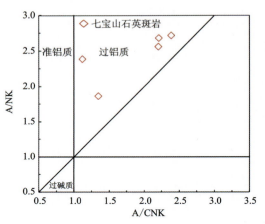

图 5-8 七宝山石英斑岩 A/CNK - A/NK 图
（据 Maniar et al,1989）

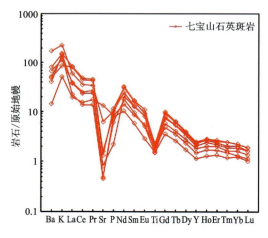

图 5-9 七宝山石英斑岩微量元素原始地幔标准化蛛网图（标准化数据据 Sun et al,1989）

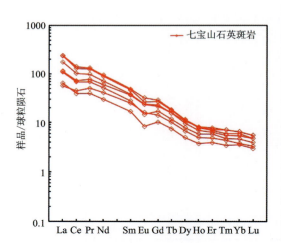

图 5-10 七宝山石英斑岩稀土元素球粒陨石标准化分布模式（标准化数据据 Sun et al,1989）

第三节 成矿流体性质

一、岩相学

对七宝山矿床开展了石英-热液硫化物阶段含矿石英脉中的原生包裹体研究（图 5-11），以揭示成矿流体性质。根据流体包裹体在常温下的大小、分布、形态、相态组合等特征,将矿区的流体包裹体类型划分为富液相包裹体(LV 型)、富气相包裹体(VL 型)、纯气相包裹体(V

型)、纯液相包裹体(L型)等4种(图5-12)。

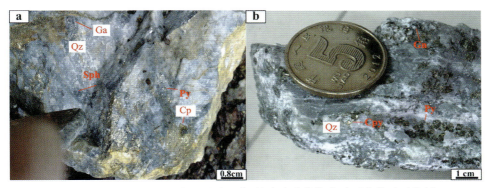

图 5-11 七宝山铜(金)多金属矿石英-热液硫化物期含矿石英脉矿石特征
a. 石英-黄铜矿-黄铁矿-方铅矿-闪锌矿矿脉；b. 石英-黄铜矿-黄铁矿-方铅矿矿脉。
矿物代号：Qz. 石英；Sph. 闪锌矿；Cp. 黄铜矿；Py. 黄铁矿；Ga. 方铅矿

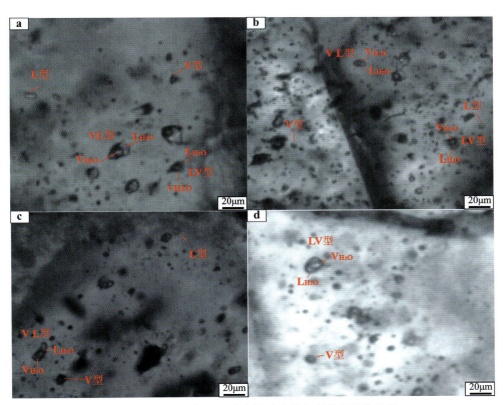

图 5-12 七宝山铜(金)多金属矿流体包裹体岩相学特征
a. 石英中富液两相包裹体(VL型)、富气两相包裹体(LV型)、纯液相包裹体(L型)和纯气相包裹体(V型)共存；
b. 石英中富液两相包裹体、富气两相包裹体、纯液相包裹体和纯气相包裹体共存；c. 石英中群相包裹体，主要以
富液两相包裹体为主，少见纯气相和纯液相包裹体；d. 石英中大量的纯气相包裹体，少量为富气两相包裹体。
V_{H_2O}：H_2O 的蒸汽相；L_{H_2O}：H_2O 的液相

富液两相包裹体(VL型):该类型包裹体是七宝山铜(金)多金属矿床最主要的流体包裹体类型,在寄主矿物石英中广泛发育。原生包裹体主要呈群相、孤立等形式分布,也可见次生包裹体沿寄主矿物裂隙呈线性分布;流体包裹体大小最大可达34μm,但多数小于10μm;流体包裹体多呈椭圆状、长条状、不规则状等,部分可见负晶形,也有一部分出现"卡脖子"现象;气液比小于45%,多处于5%~35%之间,气相多呈圆形,颜色较黑,部分样品在常温下可以观察到较明显的布朗运动。此类包裹体升温后均一到液相。

富气两相包裹体(LV型):常与液相包裹体共生出现,呈无规律的群体分布,少量单独出现。气泡占比为60%~100%。镜下颜色偏暗,多呈椭圆状、圆形、长条状,极个别为不规则他形。大小多在5μm×3μm~15μm×10μm之间,其中8μm×5μm居多。

液相包裹体(L型):该类型包裹体形态多样,呈椭圆状、长条状、负晶形以及不规则形状,大小从3μm×2μm~20μm×15μm不等,多在8μm×6μm左右,多以群体无规律形式出现,或呈线状及带状分布,包裹体相对较大。

气相包裹体(V型):气相成分在50%以上,升温过程以液相均一到气相而最终达到完全均一。大多颜色比较暗,常见晶型为负晶形、椭圆形、四边形以及不规则形状,大小从5μm×3μm~25μm×10μm,部分可达40μm×25μm,多在12μm×6μm左右。

二、物理化学条件

1. 均一温度

通过对石英中的原生富液两相包裹体开展的显微测温实验,获得了七宝山矿床流体包裹体的均一温度,结果如表5-2、图5-13。石英中流体包裹体均一温度范围为132~435℃,主要集中于325~375℃之间,均一温度平均值为349.4℃。整体而言,成矿流体均一温度体现明显的高温特征。

表5-2　七宝山铜(金)多金属矿成矿流体均一温度、盐度、密度、压力、成矿深度参数表

寄主矿物	包裹体类型	均一温度/℃	盐度/(wt%NaCleqv)	密度/(g·cm^{-3})	压力/MPa	成矿深度/km
石英	VL	132~435	0.8~18.6	0.80~0.99	12~52	1.2~5.2

2. 盐度

根据流体包裹体的冰点温度测试结果,矿床流体包裹体初融温度在−27℃左右,显示流体性质以NaCl-H$_2$O体系为主,符合Hall等(1988)提出的冰点与盐度计算公式条件,因此采用Hall等(1988)提出的公式来计算:

$$S = 0.00 + 1.78t - 0.0442t^2 + 0.000557t^3 \tag{5-1}$$

其中,流体为0~23.3%的NaCl溶液,t为冰点温度(℃),得出的结果S为盐度(wt% NaCleqv)。

最终获得七宝山铜(金)多金属矿区石英-热液硫化物期含矿石英脉中流体包裹体的盐度

变化范围为 0.8wt%～18.6wt%NaCleqv,主要集中于 4wt%～8wt%NaCleqv 之间,平均为 5.84wt%NaCleqv,具有中低盐度的特征(图 5-14、图 5-15)。

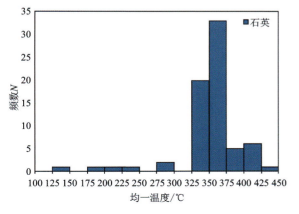

图 5-13 七宝山铜(金)多金属矿流体包裹体均一温度直方图

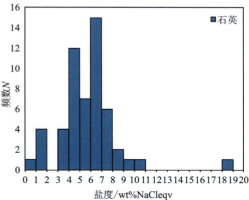

图 5-14 七宝山铜(金)多金属矿流体包裹体盐度直方图

3. 密度

在获得成矿流体的均一温度和盐度基础之上,采用刘斌等(1987)提出的经验公式计算矿区的流体密度,即:

$$D = A + Bt + Ct^2 \tag{5-2}$$

适用范围:均一温度≤500℃,盐度≤60%,D 为流体密度(g/cm³),t 为流体包裹体的均一温度(℃)。此外,A、B、C 为无量纲参数,是盐度的函数:$A = A_0 + A_1W + A_2W^2$;$B = B_0 + B_1W + B_2W^2$;$C = C_0 + C_1W + C_2W^2$。通过计算,发现在七宝山矿床内,石英-热液硫化物期成矿流体的密度范围主要为 0.50～1.00g/cm³,平均值为 0.69g/cm³,整体小于 1g/cm³,显示明显的低密度特征(图 5-16)。

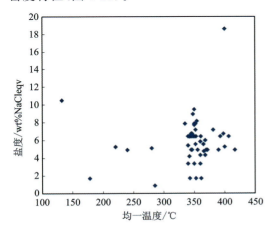

图 5-15 七宝山铜(金)多金属矿流体包裹体温度-盐度图

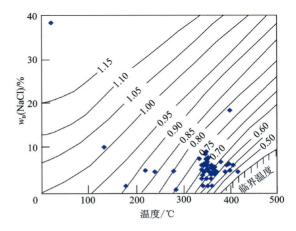

图 5-16 七宝山铜(金)多金属矿成矿流体包裹体密度图解

4. 压力与成矿深度估算

根据邵洁涟(1990)提出的经验公式,以此估算获得矿区成矿流体的压力:

$$p = p_0 \times T_1/T_0;$$
$$p_0 = 219 + 2620 \times \omega;\qquad(5-3)$$
$$T_0 = 374 + 920 \times \omega$$

式中,p 为成矿压力,p_0 为初始压力,T_1 为成矿温度(用均一温度近似求解),T_0 为初始温度,ω 为盐度(wt‰NaCleqv)。

通过计算得出,七宝山铜(金)多金属矿区石英-热液硫化物期流体的捕获压力范围为10.7~30.6MPa,主要集中于12~52MPa,平均捕获压力为29.8MPa,如表5-2所示。

孙丰月等(2000)指出,通常情况下,成矿压力小于40MPa时可采用静水压力梯度来估算成矿深度,七宝山矿区估算的平均成矿压力小于40MPa,因此采用静水压力梯度来估算成矿深度是合理的。通过估算,获得七宝山铜(金)多金属矿床的成矿深度范围为1.2~5.2km,其峰值在3.0~3.5km之间,平均深度2.11km,总体为中成矿深度。

三、流体成分

胡祥昭等(2003)研究了七宝山矿床成矿流体的成分,发现流体主要成分为 H_2O,基本组分为 K^+、Na^+、Ca^{2+}、Mg^{2+} 等。流体气相成分主要为 CO_2、CO、CH_4,属 $NaCl-KCl-H_2O$ 型。胡祥昭等(2003)还发现,随着成矿流体从早期往后期的逐步演化,H_2O 含量总体逐渐降低但在矽卡岩阶段急剧上升;碱性组分 K^+、Na^+ 浓度随流体演化而降低,而 Ca^{2+}、Mg^{2+} 浓度随演化而增加并在矽卡岩阶段达到最大值;F^-、Cl^- 浓度随着流体运移而下降;CO_2 含量随流体演化而递减但在矽卡岩化阶段也急剧上升。

四、H-O 同位素

胡祥昭等(2003)开展了七宝山铜(金)多金属矿中石英斑岩体和矿体的 H-O 同位素组成与示踪分析,发现石英斑岩岩体中石英颗粒的 $\delta D=-79.6‰\sim-72.3‰$,$\delta^{18}O_{H_2O}=9.45‰\sim11.3‰$(均值10.38‰);矿体中石英的 $\delta^{18}O_{H_2O}=11.1‰\sim11.3‰$(平均为11.2‰)。岩浆热水的 $\delta^{18}O$ 值与携带金属成矿物质的热液的 $\delta^{18}O$ 值基本一致,说明矿区石英斑岩的侵入过程为矿体的形成提供了成矿元素物质来源(杨中宝等,2002,2004),成矿流体源于岩浆热液(Taylor et al,1974),主要为矿区石英斑岩岩浆结晶分异的岩浆热液体系。结合流体包裹体及 H-O 同位素特征,认为矿床的成矿流体以岩浆热液为主。当上升到近地表的断裂、裂隙中,由于压力的释放,流体发生了减压沸腾作用,是诱发七宝山矿区铜、铅、锌等有用金属物质沉淀成矿的重要因素。

第四节 成矿物质来源

一、硫同位素

胡俊良等(2017)开展了七宝山铜(金)多金属矿石英热液硫化物期矿石中黄铁矿单矿物的硫同位素分析,结果表明 $\delta^{34}S$ 值变化介于 2.22‰~5.68‰ 之间,均值为 3.73‰,极差为 2.46‰;在硫同位素频率直方图上(图 5-17),$\delta^{34}S$ 值分布相对集中,峰值集中于 2‰~5‰;相对各种含硫物质,$\delta^{34}S$ 值也比较接近零值,与陨石相近(图 5-18)。根据陆玉梅等(1984)和刘姤群等(2001)测的 $\delta^{34}S$ 数据,七宝山铜(金)多金属矿床的共生矿物中硫化物的 $\delta^{34}S$ 值表现出 $\delta^{34}S_{黄铁矿}$(平均值 3.73)>$\delta^{34}S_{黄铜矿}$(平均值 3.48)>$\delta^{34}S_{闪锌矿}$(平均值 3.47)>$\delta^{34}S_{方铅矿}$(平均值 1.36)的趋势,其中黄铜矿的 $\delta^{34}S$ 值大于闪锌矿的 $\delta^{34}S$ 值,说明矿床主成矿阶段共生的硫化物硫同位素分馏并未达到平衡。对于这种未达到硫同位素分馏平衡的这种条件时,且研究区内硫酸盐矿物鲜有存在,硫化物组合十分简单,反映出成矿热液中的硫同位素分馏都比较弱,这种低 f_{O_2} 和低 pH 值环境下硫化物的 $\delta^{34}S_{CDT}$ 平均值可以大致代表 $\delta^{34}S_{\Sigma s}$。本矿区黄铁矿单矿物的硫化物组成平均值为 3.73‰,大致可以代表总硫组成,推测矿区的硫源应为岩浆源。

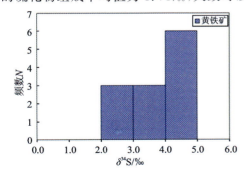 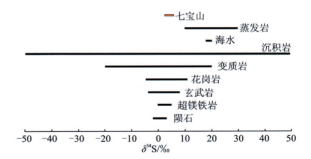

图 5-17 七宝山铜(金)多金属矿硫同位素组成直方图

图 5-18 七宝山铜(金)多金属矿硫同位素组成综合对比图

二、铅同位素

胡祥昭等(2000)及胡俊良等(2017)先后开展矿区热液硫化物阶段的 7 件方铅矿单矿物和 6 件黄铁矿单矿物的铅同位素组成研究。7 件方铅矿的 $^{206}Pb/^{204}Pb$ 变化范围为 18.100~18.478,平均值为 18.318;$^{207}Pb/^{204}Pb$ 变化范围为 15.629~15.737,平均值为 15.675;$^{208}Pb/^{204}Pb$ 变化范围为 38.468~38.948,平均值为 38.751。6 件黄铁矿的 $^{206}Pb/^{204}Pb$ 变化范围为 18.315~18.396,平均值为 18.359;$^{207}Pb/^{204}Pb$ 变化范围为 15.629~15.737,平均值为 15.675;$^{208}Pb/^{204}Pb$ 变化范围为 38.376~38.856,平均值为 38.609。以上表明,七宝山矿床中方铅矿和黄铁矿的铅同位素组成比值比较均一,变化范围较小,总体比较稳定。

根据铅同位素构造图显示(图 5-19),13 个方铅矿、黄铁矿等单矿物样品的铅同位素组成比值数据落在上地壳演化线上、附近或上地壳与造山带演化线之间,表明铅同位素来自较高成熟度的物源区。铅同位素的 μ 值主要介于 9.37～9.88 之间，均值为 9.59，说明主要来自上地壳，但是也有部分来自地幔物质贡献。ω 值为 32.42～40.9，均值为 38.418，主要介于上地壳与地幔的 ω 值之间。Th/U 值主要介于 3.74～5.07 之间，均值为 3.87，大于上地壳与地幔值，但是远小于下地壳的 2.80。结合 μ 值、ω 值、Th/U 值，以及多数铅同位素在构造模式图上显示一定的线性分布规律的特征，综合说明铅源为混合来源，一部分来源于上地壳物质，一部分来源于地幔物质，具有一定的混合源区特征。

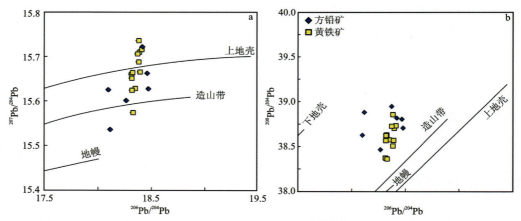

图 5-19　七宝山铜（金）多金属矿床铅同位素构造演化模式图（底图据 Zartman et al，1981）

第五节　矿床成因

关于七宝山矿床的成因研究，易琳琪等（1982）认为该矿床矿物成分复杂，矿体形态和岩石类型多种多样，矿石结构各式各样，既有矽卡岩型矿床的特征，也具有斑岩型铜多金属矿床的内涵，矿床成因为"斑岩型受隐爆角砾岩筒控制的岩浆期后浅成—超浅成高中温热液充填交代型矿床"。陆玉梅等（1984）结合矿区地质条件及地质地球化学特征，认为矿床的金属物质主要来自下地壳或上地幔，携带金属物质的热液是与七宝山岩体有关的混合岩浆水，矿床成因类型属于"岩浆热液型"，更进一步划分为"混合岩浆流体成岩期后高中温热液充填交代型矿床"，并初步提出了成矿模式图。胡祥昭等（2000）则认为矿床是"与花岗斑岩有关的多位一体的高中温交代-热液型铜多金属矿床"。杨中宝（2002）认为矿床是岩浆在上侵成岩演化的后期，岩浆热液随着不同的围岩条件的变化，不同的沉积环境引起物理化学条件的突变，从而使成矿元素富集沉淀而形成在空间位置及其成因上相互联系的不同矿床类型共存的现象，属于"同源多因复成矿床"。

本次研究工作通过矿床地质特征分析，认为矿体主要赋存于石英斑岩体中（矿体已基本采空）、石英斑岩与中—上石炭统壶天群活泼碳酸岩的接触带，以及石英斑岩与震旦系莲沱组断层接触部位、石炭系大唐阶及壶天群间的层间部位等 3 个主要区域，结合矿床成岩-成矿时代均为晚侏罗世、成矿物质来源主要为岩浆岩但可能混有部分地壳物质、成矿流体地质特征等矿床地球化学成果，在已有矿床成因综合比对的基础上，认为七宝山矿床的成因类型，应与徐德明等(2018)提出的"斑岩-矽卡岩-热液脉型铜多金属矿床"一致,可进一步表达为"与燕山早期七宝山石英斑岩侵位密切相关的晚侏罗世(153Ma±)斑岩型-矽卡岩型-热液脉型三位一体铜多金属矿床"。

矿床的成矿过程可简述为:晚侏罗世,受太平洋板块向扬子板块俯冲及其远程效益的影响,湘东北地区地幔物质挤压、上隆并发生部分熔融形成玄武岩浆,其热能聚集促使下地壳熔融,发生岩浆混合并在有利构造通道内侵位上升,在上升过程中吞噬部分上地壳物质,形成壳幔同熔型花岗岩,并沿着区域性东西向及北西向断裂交会处上侵至近地表与研究区的七宝山一带结晶形成石英斑岩,岩浆上侵过程中分异形成的岩浆热液携带含铜的热液流体,在各种构造裂隙等有利构造容矿空间内发生物质沉淀、充填交代,有用金属成矿物质进一步浓缩,在斑岩体中形成细脉浸染状铜多金属矿化,在与中—上石炭统活泼碳酸岩的接触带构造附近形成接触交代型铜多金属矿化,在断裂、层间破碎带等有利构造部位形成透镜状、层状、脉状充填型铜多金属矿化。最终形成七宝山铜(金)多金属矿体,经后期风化-淋滤作用,保留至今。

第六章 井冲铜钴铅锌多金属矿成矿作用及成因

第一节 成岩成矿时代

一、成岩时代

1. 锆石形貌学

井冲铜钴铅锌多金属矿区的连云山岩体的测年样品采样位置见图 3-7。样品中的锆石 (JC4-1) 阴极射线发光 (CL) 图像显示 (图 6-1),锆石形态大部分呈短柱状,晶形比较完整,振荡环带发育,裂纹不发育。从矿区已制作好的岩浆岩锆石样品中选取锆石颗粒进行测试,每颗锆石一个测点,多数位于锆石两端,少数位于中部。锆石 Th 含量 $258\times10^{-6}\sim4884\times10^{-6}$,U 含量 $264\times10^{-6}\sim5039\times10^{-6}$,Th/U 值 $0.236\sim2.017$(表 6-1),锆石普遍具有较高的 Th、U 含量,结合振荡环带等特征表明其为岩浆锆石。

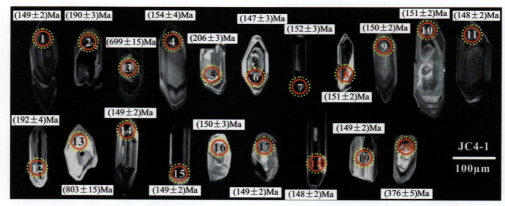

图 6-1 井冲铜钴铅锌多金属矿二云母二长花岗岩锆石 CL 影像与测试位置示意图
(红色为 U-Pb,黄色为 Lu-Hf)

2. 锆石 U-Pb 年代学

井冲铜钴铅锌多金属矿区二云母二长花岗岩样品(JC4-1)的锆石 U-Pb 同位素年代学

第六章 井冲铜钴铅锌多金属矿成矿作用及成因

表 6-1 井冲铜钴铅锌多金属矿二云母二长花岗岩锆石 U-Pb 年代学数据

测试点	$w_B/10^{-6}$ Th	$w_B/10^{-6}$ U	Th/U	同位素比值 $^{207}Pb/^{206}Pb$	1σ	同位素比值 $^{207}Pb/^{235}U$	1σ	同位素比值 $^{206}Pb/^{238}U$	1σ	$^{207}Pb/^{206}Pb$	1σ	同位素年龄/Ma $^{207}Pb/^{235}U$	1σ	$^{206}Pb/^{238}U$	1σ	置信度/%
JC4-1-1	1839	2950	0.623	0.046 08	0.001 77	0.150 31	0.005 88	0.023 45	0.000 33	400	−300	142	5	149	2	95
JC4-1-6	2350	3789	0.62	0.048 62	0.002 36	0.157 67	0.007 93	0.023 09	0.000 42	128	115	149	7	147	3	99
JC4-1-7	3078	3212	0.958	0.045 96	0.002 46	0.153 76	0.008 19	0.023 90	0.000 40	—	—	145	7	152	3	95
JC4-1-8	1617	2310	0.7	0.048 85	0.002 90	0.161 35	0.009 72	0.023 69	0.000 35	139	133	152	9	151	2	99
JC4-1-9	1578	2478	0.637	0.051 52	0.002 55	0.168 22	0.008 18	0.023 52	0.000 35	265	113	158	7	150	2	94
JC4-1-10	970	2992	0.324	0.048 70	0.002 02	0.159 94	0.006 85	0.023 64	0.000 34	132	98	151	6	151	2	99
JC4-1-11	1148	4296	0.267	0.048 86	0.001 88	0.158 19	0.006 05	0.023 23	0.000 25	143	86	149	5	148	2	99
JC4-1-14	2291	3063	0.748	0.051 06	0.001 89	0.165 86	0.006 11	0.023 39	0.000 25	243	87	156	5	149	2	95
JC4-1-15	4884	5039	0.969	0.050 39	0.001 76	0.162 47	0.005 54	0.023 41	0.000 33	213	86	153	5	149	2	97
JC4-1-16	317	1344	0.236	0.051 94	0.003 34	0.166 15	0.010 50	0.023 51	0.000 48	283	153	156	9	150	3	95
JC4-1-17	2426	3440	0.705	0.047 99	0.002 09	0.157 09	0.007 19	0.023 42	0.000 32	98	100	148	6	149	2	99
JC4-1-19	1380	2002	0.69	0.048 37	0.002 02	0.156 73	0.006 64	0.023 35	0.000 30	117	98	148	6	149	2	99

分析结果见表 6-1、图 6-2。共测试 18 个有效测点,测点位置见图 6-1 红色线圈。其中,3 号和 13 号测点应为继承锆石核,其 $^{206}Pb/^{238}U$ 年龄分别为 698.6Ma 和 803.3Ma,其余 $^{206}Pb/^{238}U$ 年龄值集中分布于 147.2～153.3Ma 和 189.5～191.6Ma 之间,投影点均落在谐和线上(图 6-2)。选取年龄较新的计算 $^{206}Pb/^{238}U$ 加权平均年龄为 $(149.5±1.2)$Ma(MSWD=0.32,$N=12$),可代表井冲铜钴铅锌多金属矿二云母二长花岗岩成岩年龄为晚侏罗世。

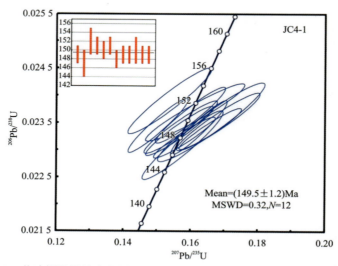

图 6-2 井冲铜钴铅锌多金属矿二云母二长花岗岩锆石 U-Pb 年龄谐和图

3. 锆石 Lu-Hf 同位素

对井冲铜钴铅锌多金属矿二云母二长花岗岩已获得有意义 U-Pb 年龄的锆石颗粒进行了 Hf 同位素原位分析,测试位置见图 6-1 黄色线圈,相应的计算结果见表 6-2。不考虑继承锆石前提下,该样品的锆石 Hf 同位素组成相对均匀,初始 $^{176}Hf/^{177}Hf$ 比值较一致,分布在 0.282 314～0.282 461 之间,平均值为 0.282 417;$\varepsilon_{Hf}(t)$ 值集中分布在 -13～-7.8 之间,平均值为 -9.3,二阶段模式年龄(T_{DM2})在 1690～2018Ma 之间,平均值为 1789Ma。在锆石地壳模式年龄(T_{DM2})和 $\varepsilon_{Hf}(t)$ 频数图(图 6-3)中,二阶段模式年龄(T_{DM2})主要集中在 1700～1900Ma 之间,$\varepsilon_{Hf}(t)$ 值集中在 -10～-8 之间。

在锆石 $\varepsilon_{Hf}(t)$-T_{Ma}(a)和 $^{176}Hf/^{177}Hf$-T_{Ma}(b)图解中(图 6-4),投点集中落在球粒陨石线以下的下地壳演化线附近,表明二云母二长花岗岩主要物质来源为古元古代的古老地壳岩石部分熔融。许德如等(2009)曾获得连云山岩体全岩 $\varepsilon_{Nd}(t)$ 值为 -12.37～-9.96,Nd 亏损地幔二阶段模式年龄在 1760～1960Ma 之间,也佐证了物质来源为古元古代的古老地壳物质。许德如等(2009)还获得连云山杂岩 $\varepsilon_{Nd}(t)$ 值 -11.37～-7.47,与连云山岩体 $\varepsilon_{Nd}(t)$ 值接近,而连云山杂岩的全岩 Sm-Nd 同位素等时线年龄在 1900Ma 左右,表明连云山岩体物质来源可能是古元古界连云山杂岩。

表 6-2 井冲铜钴铅锌多金属矿二云母二长花岗岩锆石 Lu-Hf 同位素数据

测点号	$^{176}Yb/^{177}Hf$	$^{176}Lu/^{177}Hf$	$^{176}Hf/^{177}Hf$	2σ	Age/Ma	$\varepsilon Hf(0)$	$\varepsilon Hf(t)$	T_{DM1}/Ma	T_{DM2}/Ma	$f_{Lu/Hf}$
JC4-1-1	0.010 177	0.000 388	0.282 450	0.000 015	149	−11.4	−8.2	1117	1803	−0.99
JC4-1-6	0.015 620	0.000 574	0.282 442	0.000 020	149	−11.7	−8.5	1133	1694	−0.98
JC4-1-7	0.002 351	0.000 079	0.282 438	0.000 017	149	−11.8	−8.5	1124	1711	−1.00
JC4-1-8	0.012 024	0.000 445	0.282 433	0.000 021	149	−12.0	−8.7	1142	1714	−0.99
JC4-1-9	0.008 492	0.000 327	0.282 368	0.000 019	149	−14.3	−11.0	1228	1734	−0.99
JC4-1-10	0.014 594	0.000 575	0.282 410	0.000 019	149	−12.8	−9.6	1177	1736	−0.98
JC4-1-11	0.016 337	0.000 643	0.282 440	0.000 018	149	−11.7	−8.6	1138	1738	−0.98
JC4-1-14	0.010 952	0.000 411	0.282 461	0.000 018	149	−11.0	−7.8	1102	1810	−1.00
JC4-1-15	0.012 769	0.000 467	0.282 389	0.000 016	149	−13.6	−10.3	1204	1817	−0.99
JC4-1-16	0.006 629	0.000 263	0.282 459	0.000 028	149	−11.1	−7.8	1101	1852	−0.99
JC4-1-17	0.011 596	0.000 435	0.282 370	0.000 020	149	−14.2	−11.0	1229	1893	−0.99
JC4-1-19	0.010 200	0.000 388	0.282 314	0.000 047	149	−16.2	−13.0	1304	2018	−0.99

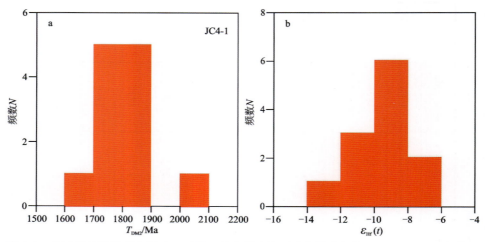

图 6-3　井冲铜钴铅锌多金属矿二云母二长花岗岩锆石地壳模式年龄（T_{DM2}）和 $ε_{Hf}(t)$ 频数图

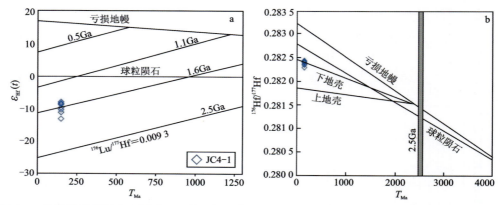

图 6-4　井冲铜钴铅锌多金属矿二云母二长花岗岩锆石 $ε_{Hf}(t)$-T_{Ma}(a) 和 $^{176}Hf/^{177}Hf$-T_{Ma}(b) 图解

二、成矿时代

对井冲铜钴铅锌多金属矿成矿时代，本文通过分选石英硫化物阶段的黄铁矿并采用单矿物 Rb-Sr 等时线方法予以约束。采样位置位于井冲铜钴铅锌多金属矿床采矿主斜井的井下 100m 中段。采样过程主要沿着矿体走向采集含黄铁矿黄铜矿块状硫化物矿石，采样约 50m 间隔为序，以满足黄铁矿 Rb-Sr 等时线分析要求。相关的矿石及矿物学地质特征已在前文予以介绍。本次的分析结果详见图 6-5，表 6-3。从表 6-3 可见，黄铁矿的 Rb 含量介于 $0.014\ 170×10^{-6}$～$0.180\ 400×10^{-6}$，Sr 含量介于 $0.022\ 010×10^{-6}$～$0.063\ 710×10^{-6}$；$^{87}Rb/^{86}Sr$ 值变化范围为 1.024～8.552，$^{87}Sr/^{86}Sr$ 值分布在 0.717 91～0.731 95 之间。在 $^{87}Rb/^{86}Sr$-$^{87}Sr/^{86}Sr$ 等时线图解上（图 6-5），根据 LSOPLOT 计算得到井冲铜钴铅锌多金属矿的黄铁矿单矿物 Rb-Sr 等时线年龄为 (128.3±2.7)Ma（MSWD=2.0），其中，初始 $^{87}Sr/^{86}Sr$ 值为 0.716 26±0.000 29。

表 6-3 井冲铜钴铅锌多金属矿黄铁矿单矿物 Rb-Sr 同位素组成

矿区	样品号	测试矿物	$w(Rb)/10^{-6}$	$w(Sr)/10^{-6}$	$^{87}Rb/^{86}Sr$	$^{87}Sr/^{86}Sr$	1σ
井冲	JC-1-1	黄铁矿	0.014 170	0.022 550	1.813 00	0.719 61	0.000 02
井冲	JC-3-1-1-1	黄铁矿	0.180 400	0.063 710	8.184 00	0.731 04	0.000 08
井冲	JC-3-1-2-1	黄铁矿	0.065 140	0.022 010	8.552 00	0.731 95	0.000 08
井冲	JC-3-3-1-1	黄铁矿	0.021 190	0.059 660	1.024 00	0.717 91	0.000 01
井冲	JC-3-4-1	黄铁矿	0.017 510	0.024 910	2.029 00	0.720 17	0.000 06

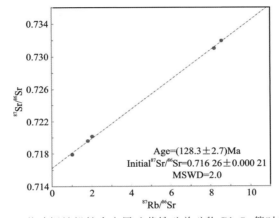

图 6-5 井冲铜钴铅锌多金属矿黄铁矿单矿物 Rb-Sr 等时线图

与井冲相邻的横洞钴多金属矿，成矿地质背景及矿区地质特征与井冲十分相似，邹凤辉(2016)在横洞矿区长-平断裂带中的矿化破碎带中采集白云母硅化岩样品(采样位置：28°33′37.83″N,113°46′49.32″E)，并获得白云母$^{40}Ar-^{39}Ar$测年结果(130.3±1.4)Ma(MSWD=1.6)(图 6-6)。由于该白云母产出于长-平断裂带中，下盘为强风化的连云山岩体，上盘为破碎的蚀变板岩，且白云母硅化岩呈脉状穿过横洞矿区的矿化破碎带，因此可以限定横洞矿区的矿化时代下限。本次研究测试获得了井冲铜钴铅锌多金属矿区的黄铁矿单矿物 Rb-Sr 等时线年龄(128.3±2.7)Ma(MSWD=2.0)，与横洞矿区白云母$^{40}Ar-^{39}Ar$法测年结果(130.3±1.4)Ma(MSWD=1.6)在误差范围内几乎一致，相互印证两个矿区的成矿时代测试数据可靠，质量较高，所获得的等时线有明确的地质意义，并代表井冲铜钴铅锌多金属矿中黄铁矿的形成时代为(128.3±2.7)Ma，属于早白垩世。

第二节 成矿岩体岩石地球化学

一、岩石学

井冲热液脉型铜钴铅锌多金属矿区的细粒二云母二长花岗岩为灰白色，蚀变后为灰黄色—灰褐色。块状构造，细粒花岗结构。主要矿物组成为石英(25%±)、碱性长石(32%±)、

图 6-6 湘东北地区横洞钴矿床白云母 ^{40}Ar-^{39}Ar 坪年龄和反等时线年龄(据邹凤辉,2016)

a.硅化带与强风化的连云山花岗岩呈断层接触,两者界线明显;b.白云母硅化岩,主要由白云母(35%)和石英(60%)组成,其中白云母结晶粗大,呈巨晶片状集合体,大小1～5cm;石英中粗粒;c.矿化蚀变带风化较强,呈土状,可见自形细粒黄铁矿;d.白云母硅化岩呈脉状切穿矿化蚀变带;e.^{40}Ar-^{39}Ar 坪年龄;f.反等时线年龄

斜长石(35%±)、黑云母(7%±)和白云母(5%±)(图 6-7)。

二、岩石地球化学

张鲲等(2018)开展了矿区细粒二云母二长花岗岩的岩石地球化学分析,本文筛选出其无风化蚀变样品的测试数据(表 6-4)进一步分析。该岩浆岩的 SiO_2 含量为 72.66%～73.78%,

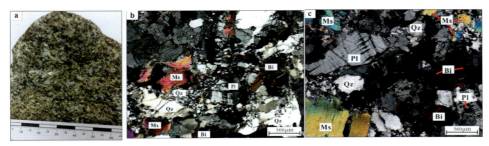

图 6-7 井冲铜钴铅锌多金属矿细粒二云母二长花岗岩地质特征

a. 手标本；b、c. 显微照片。矿物代号：Qz. 石英；Bi. 黑云母；Ms. 白云母；Pl. 斜长石

Al_2O_3 含量为 14.51%～14.71%，碱含量（Na_2O+K_2O）变化范围为 7.85%～8.19%，其中 K_2O 含量为 4.47%～6.68%；在岩石系列 SiO_2-K_2O 图解上，投点位于高钾钙碱性系列和钾玄岩系列（图 6-8）；铝饱和指数（A/CNK）值为 1.17～1.23，在 A/CNK－A/NK 图解上样品全部落入过铝质区域，属于弱过铝质岩石（图 6-9）。

表 6-4 井冲矿区二云母二长花岗岩主量元素（wt/%）及微量元素（×10⁻⁶）质量分数组成（据张鲲等，2018）

样品	二云母二长花岗岩	二云母二长花岗岩	二云母二长花岗岩
样号	JC3-1	JC4-1	JC4-3
SiO_2	72.66	73.78	73.70
TiO_2	0.20	0.09	0.08
Al_2O_3	14.51	14.71	14.71
Fe_2O_3	0.55	0.12	0.10
FeO	1.49	1.42	1.63
MnO	0.03	0.03	0.03
MgO	0.38	0.21	0.20
CaO	0.85	1.20	1.16
Na_2O	2.51	3.38	3.29
K_2O	5.68	4.47	4.69
P_2O_5	0.26	0.07	0.08
灼失	0.66	0.26	0.18
合计	99.77	99.75	99.85
Na_2O+K_2O	8.19	7.85	7.98
K_2O/Na_2O	2.26	1.32	1.43
A/CNK	1.23	1.17	1.17
A/NK	1.41	1.41	1.40
Sr	56.10	102.00	80.40

续表 6-4

样品	二云母二长花岗岩	二云母二长花岗岩	二云母二长花岗岩
样号	JC3-1	JC4-1	JC4-3
Ba	261.00	385.00	360.00
Th	18.50	18.10	19.00
U	5.00	3.31	3.70
Nb	13.20	6.33	6.28
Ta	2.04	0.86	0.96
Zr	91.70	66.30	58.00
Hf	3.48	2.74	2.45
Co	2.34	1.39	1.27
Ni	3.77	3.11	3.00
Cr	17.50	13.60	9.93
Cu	13.80	6.94	5.51
Pb	59.20	63.30	64.30
Zn	67.60	28.00	24.70
W	4.42	1.46	2.22
Bi	0.70	0.66	0.53
Mo	0.53	0.37	0.55
P	1 130.85	296.90	366.76
K	47 131.91	37 091.49	38 917.02
Ti	1 176.00	528.00	480.00
La	36.00	35.80	37.50
Ce	73.40	65.80	73.50
Pr	9.41	7.66	7.38
Nd	33.00	26.00	24.70
Sm	7.71	4.88	4.52
Eu	0.73	0.85	0.82
Gd	6.34	3.90	3.84
Tb	0.87	0.48	0.46
Dy	3.25	1.82	1.78
Ho	0.44	0.25	0.25
Er	1.08	0.65	0.63
Tm	0.13	0.08	0.08

续表 6-4

样品	二云母二长花岗岩	二云母二长花岗岩	二云母二长花岗岩
样号	JC3-1	JC4-1	JC4-3
Yb	0.89	0.54	0.50
Lu	0.11	0.08	0.07
Y	11.30	6.44	6.56
Yb_N	5.24	3.18	2.94
ΣREE	173.36	148.79	156.03
LREE	160.25	140.99	148.42
HREE	13.11	7.80	7.61
LREE/HREE	12.22	18.08	19.51
$(La/Yb)_N$	29.01	47.55	53.80
$(La/Sm)_N$	3.01	4.74	5.36
$(La/Gd)_N$	4.92	7.96	8.47
$(Gd/Yb)_N$	5.89	5.97	6.35
$(Dy/Yb)_N$	2.44	2.26	2.38
δEu	0.32	0.60	0.60
δCe	0.98	0.97	1.08
C/MF	0.41	0.80	0.72
A/MF	3.85	5.42	5.01

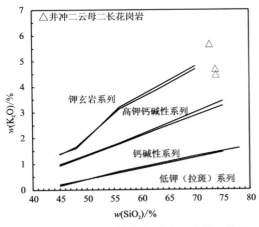

图 6-8 井冲铜钴铅锌多金属矿二云母二长花岗岩 K_2O-SiO_2 关系图（据 Peccerillo et al,1976）

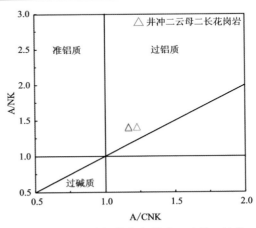

图 6-9 井冲铜钴铅锌多金属矿二云母二长花岗岩 A/CNK-A/NK 图（据 Maniar et al,1989）

微量元素原始地幔标准化蛛网图显示（图 6-10），二云母二长花岗岩富集 Th、U、K、Pb 等元素，亏损 Nb、Ta、Zr 等元素，Nb/Ta 比值为 6.47~7.36，低于地壳 Nb/Ta 比值，指示源区为地壳部分熔融产物。明显亏损 Ba、Sr 元素,指示斜长石的分离结晶。

稀土元素 ΣREE 为 $148.79 \times 10^{-6} \sim 173.36 \times 10^{-6}$,$\delta Eu$ 为 $0.32 \sim 0.60$,δCe 为 $0.97 \sim 1.08$。稀土元素球粒陨石标准 Eu 表现为强烈的弱负异常特征,表明源区可能经历了斜长石的分异结晶作用(图 6-11)。

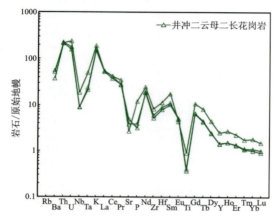
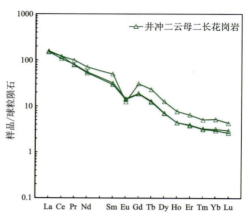

图 6-10 井冲铜钴铅锌多金属矿二云母二长花岗岩微量元素原始地幔标准化蛛网图
(标准化数据据 Sun et al,1989)

图 6-11 井冲铜钴铅锌多金属矿二云母二长花岗岩稀土元素球粒陨石标准化分布模式
(标准化数据据 Sun et al,1989)

第三节　成矿流体性质

一、岩相学

选取井冲铜钴铅锌多金属矿床中热液硫化物阶段的石英-黄铁矿-黄铜矿矿脉中石英进行流体包裹体研究(图 6-12)。井冲铜钴矿床的包裹体类型繁多,常呈群体分布或者线状分布,个别呈孤立状分布。根据常温下(25℃)流体包裹体在镜下的相组成以及在升降温过程中的相变化,可以将包裹体分为富液两相包裹体(VL 型)、富气两相包裹体(LV 型)、纯液相包裹体(L 型)、纯气相包裹体(V 型)等(图 6-13)。

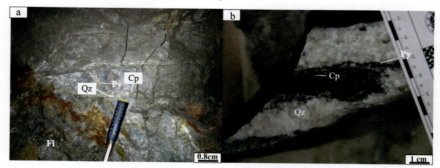

图 6-12 井冲铜钴铅锌多金属矿热液硫化物阶段含矿石英脉地质特征
a.石英-黄铜矿-黄铁矿细脉状矿石;b.石英-黄铁矿-黄铜矿脉状矿石。
矿物代号:Qz.石英;Cp.黄铜矿;Py.黄铁矿;Fl.萤石

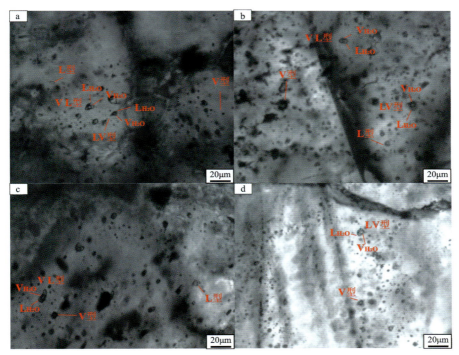

图 6-13 井冲铜钴铅锌多金属矿流体包裹体岩相学特征

a.石英中富液两相（VL 型）、纯液相（L 型）、纯气相（V 型）包裹体共存；b.石英中富液两相（VL 型）、富气两相（VL 型）、纯液相（L 型）和纯气相（V 型）包裹体共存；c.石英中富液两相（VL 型）及纯液相（L 型）包裹体群相分布；d.石英中富液两相（VL 型）、富气两相（VL 型）、纯液相（L 型）和纯气相（V 型）包裹体群相分布。V_{H_2O}：H_2O 的蒸汽相；L_{H_2O}：H_2O 的液相

富液两相包裹体（VL 型）：该类包裹体在矿区中最为发育，主要为椭圆状、长条状，大小在 $5\sim45\mu m$ 之间，气液比为 $5\%\sim35\%$，气液两相的相界限颜色明显。包裹体主要以包裹体群为单位分布，偶尔可见线性排列。该类包裹体是在整个成矿过程中占绝多数的包裹体，在均一测温实验中，基本全部均一成液相。

富气两相包裹体（LV 型）：与液相包裹体共生出现，少量单独出现。气泡占比为 $60\%\sim90\%$。多呈椭圆状、圆状、长条状。大小多在 $6\mu m\times4\mu m\sim12\mu m\times8\mu m$ 之间，以 $8\mu m\times5\mu m$ 居多。

纯液相包裹体（L 型）：该类型包裹体多呈椭圆状或近圆形，一般为带状不连续分布，颜色无色，通常小于 $15\mu m$。室温下为单一液相，与 LV 类包裹体密切共生。

纯气相包裹体（V 型）：较不发育，包裹体多呈圆状或椭圆状，大小在 $10\sim25\mu m$ 之间，颜色主要灰黑色，或者内圈边界为黑色，可见与气液两相包裹体共生组合。

二、物理化学条件

1. 均一温度

在流体包裹体岩相学研究的基础之上，为进一步研究井冲矿床流体形成及演化特征，本次对石英中流体包裹体的均一温度进行了测定。测试结果如表 6-5、图 6-14、图 6-16 所示。石英中流体包裹体均一温度范围为 134～305℃，集中于 200～225℃ 之间，平均均一温度为 208.6℃，与周岳强等（2017）的结果基本一致，具有中低温热液矿床的性质。

表 6-5　井冲铜钴铅锌多金属矿成矿流体均一温度、盐度、密度、压力、成矿深度参数表

寄主矿物	包裹体类型	均一温度/℃	盐度/(wt%NaCleqv)	密度/(g·cm^{-3})	压力/MPa	成矿深度/km
石英	VL	134～305	0.35～11.7	0.80～0.99	18～24	1.8～2.4

2. 盐度

通常情况下，初融温度约为 -27℃ 时，流体以 $NaCl-H_2O$ 体系为主。流体包裹体盐度可通过图解和计算的方法获得。本文采用 Hall 等（1988）提出的公式进行计算获得流体盐度。对气液两相包裹体采用的公式(5-1)，计算获得热液硫化物阶段中石英中的成矿流体盐度变化范围为 0.35wt%～11.7wt%NaCleqv，集中于 8wt%～12wt%NaCleqv 之间，平均为 7.62wt%NaCleqv（表 6-5、图 6-15、图 6-16），也与周岳强等（2017）的结果基本一致。

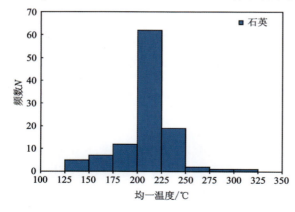

图 6-14　井冲铜钴铅锌多金属矿
流体包裹体均一温度直方图

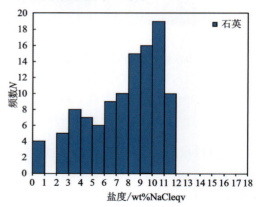

图 6-15　井冲铜钴铅锌多金属矿
流体包裹体盐度直方图

3. 密度

成矿流体的密度大小，对于了解流体性质、推断热液演化具有重要意义。本文主要通过刘斌等（1987）提出的经验公式计算得出。

由式(5-2)计算出井冲矿床的成矿流体密度，结果表明，热液硫化物阶段成矿流体的密度范围主要为 0.80～0.99g/cm^3，平均值为 0.91g/cm^3，整体小于 1g/cm^3，也与周岳强等（2017）的结果基本一致，显示低密度特征。详见表 6-5、图 6-17。

4. 压力与成矿深度（估算）

依据邵洁涟（1990）提出的经验公式(5-3)获得成矿流体的压力，如表 6-6 所示。主成矿阶

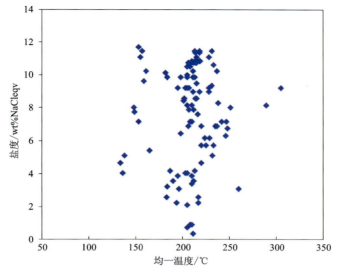

图 6-16 井冲铜钴铅锌多金属矿流体包裹体均一温度与盐度散点图

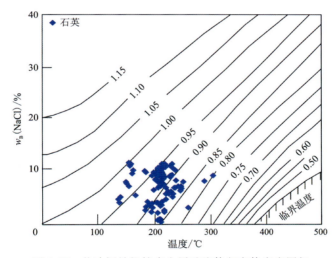

图 6-17 井冲铜钴铅锌多金属矿流体包裹体密度图解

段流体捕获压力介于 10.7~30.6MPa 之间,主要集中于 18~24MPa,平均捕获压力为 19.4MPa。

井冲铜钴铅锌多金属矿床的流体包裹体中常见纯气相包裹体与富液、纯液相包裹体共生现象,呈现出沸腾包裹体群的特征。此外,根据地质特征,矿区成矿主要受到长-平断裂与连云山花岗岩控制,构造热液蚀变岩带发育强烈,矿体分布于构造热液蚀变岩带内,成矿体系已处于半开放环境,因而采用静水压力梯度来计算,即用压力除以 10MPa/km,可以估算出成矿深度范围。通过计算,获得井冲铜钴铅锌多金属矿床的成矿深度范围为 1.07~3.06km,其峰值在 1.8~2.4km 之间,平均深度 1.95km,总体为浅成矿深度。

三、H-O 同位素

井冲铜钴铅锌多金属矿热液硫化物阶段的 3 件石英样品的 H-O 同位素分析及计算结果见表 6-6。其中,δD_{H_2O} 为 -67.9‰~-63.1‰(均值为 -63.1‰),$\delta^{18}O_{H_2O}$ 为 -1.4‰~1.0‰(均值 -0.5‰)。根据包裹体显微测温结果,流体 $\delta^{18}O_{H_2O}$ 采用 Clayton 等(1972)提出的计算公式换算,换算公式为 $1000\ln\alpha_{石英水} = 3.38 \times 10^6 T^{-2} - 3.40$($T$ 为均一温度,本次采用均值 209℃进行计算)。

表 6-6　井冲铜钴铅锌多金属矿成矿流体 H-O 同位素组成

样号	矿物	δD_{H_2O}/‰	$\delta^{18}O_{石英}$/‰	T_h/℃	T	$\delta^{18}O_{H_2O}$/‰
JC-1-1	石英	-64.1	12.2	209	481.15	1.0
JC-3-1-1	石英	-63.1	9.8	209	481.15	-1.4
JC-3-6-1	石英	-67.9	10.0	209	481.15	-1.2

将井冲矿床石英中流体包裹体的 H-O 同位素结果投入氢-氧同位素组成图解中(图 6-18),发现井冲矿床的 δD_{V-SMOW} 值均落入了典型岩浆水 δD_{V-SMOW} 范围(-80‰~-40‰)(Taylor et al,1974),说明成矿流体主要来源于岩浆热液;但氧同位素 $\delta^{18}O_{H_2O}$(靠近 0 值,且 1 个数据为正值)整体略小于岩浆水 $\delta^{18}O_{H_2O}$ 值(3.5‰~9.6‰)(Taylor et al,1974),略向大气降水线偏移,说明后期伴随着大气降水的不断混入。因此,推测井冲矿床的成矿流体主要为岩浆热液,但后期混有少量的大气降水。

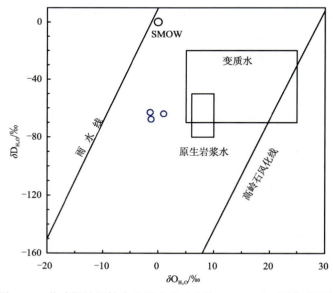

图 6-18　井冲铜钴铅锌多金属矿成矿流体 δD_{H_2O}-δ_{H_2O} 同位素图解

此外，王智琳等（2015）、Wang 等（2017）曾开展矿区黄铁矿的 He-Ar 惰性气体同位素，发现黄铁矿的 ^{4}He 值为 $2.2\times10^{-8}\sim11.8\times10^{-8}$ cm^3 STP/g，^{40}Ar 值为 $3.1\times10^{-8}\sim11.2\times10^{-8}$ cm^3 STP/g，^{3}He/^{4}He$=0.24\times10^{-7}\sim4.16\times10^{-7}$，低于地幔 ^{3}He/^{4}He 值，接近或略高于地壳值。^{40}Ar/^{36}Ar$=286.3\sim306.1$，略高于大气氩的比值（296.5），认为成矿流体主要来自岩浆，但晚期可能有大气降水的加入。这一结论与本文的流体 H-O 同位素示踪结果基本一致。

第四节 成矿物质来源

一、硫同位素

井冲铜钴矿床中与铜、钴密切共生的 10 件黄铁矿单矿物样品及易祖水等（2008）的 4 件黄铁矿、黄铜矿等单矿物样品的 S 同位素分析结果见表 6-7。14 件硫化物 δ^{34}S 值相对集中，主要介于 $-4.63‰\sim0.20‰$ 之间，平均值为 $-2.82‰$（表 6-8）。其中，黄铁矿的 δ^{34}S 值为 $-4.63‰\sim-1.91‰$（12 件样品），平均值为 $-2.94‰$；2 件黄铜矿样品的 δ^{34}S 值为 $-4.40‰\sim0.20‰$，平均值为 $-2.10‰$（表 6-8）。

表 6-7 井冲铜钴铅锌多金属矿床热液硫化物阶段硫化物 δ^{34}S 组成

编号	矿区	样品编号	单矿物	δ^{34}S$_{CDT}$/‰	数据来源
1	井冲	JC-1-1	黄铁矿	-4.63	本文
2	井冲	JC-3-1-1-1	黄铁矿	-2.07	本文
3	井冲	JC-3-1-2-1	黄铁矿	-1.91	本文
4	井冲	JC-3-2-2-1	黄铁矿	-1.97	本文
5	井冲	JC-3-2-2-2	黄铁矿	-1.95	本文
6	井冲	JC-3-3-1-1	黄铁矿	-3.37	本文
7	井冲	JC-3-3-1-1-1	黄铁矿	-3.35	本文
8	井冲	JC-3-3-2	黄铁矿	-2.93	本文
9	井冲	JC-3-4-1	黄铁矿	-2.83	本文
10	井冲	JC-3-6-1-1	黄铁矿	-2.16	本文
11	井冲	JC-1	黄铁矿	-3.80	易祖水等，2008
12	井冲	JC-2	黄铁矿	-4.30	易祖水等，2008
13	井冲	JC-5	黄铜矿	0.20	易祖水等，2008
14	井冲	JC-6	黄铜矿	-4.40	易祖水等，2008

注：本文数据部分在中国地质调查局武汉地质调查中心同位素地球化学研究室测试得出。

表 6-8 井冲铜钴铅锌多金属矿床硫化物单矿物 $\delta^{34}S$ 组成对比

矿床	单矿物	样品数	单矿物 $\delta^{34}S$/‰		矿区 $\delta^{34}S$/‰			资料来源
			变化范围	平均值	变化范围	离差	平均值	
井冲	黄铁矿	12	−4.63～−1.91	−2.94	−4.63～0.20	1.55	−2.82	本文；易祖水等，2008
	黄铜矿	2	−4.40～0.20	−2.10				

注：本文数据部分在中国地质调查局武汉地质调查中心同位素地球化学研究室测试得出。

在硫同位素频率直方图上(图 6-19)，$\delta^{34}S$ 值分布相对集中，峰值集中于−3‰～−2‰。各种矿石矿物的 $\delta^{34}S$ 值也比较接近，为比较小的负数，表明成矿热液中沉淀的硫化物硫来源单一。通常情况下，如果矿床中的 $\delta^{34}S$ 值(‰)均在大于 0 的范围内分布时，一般可考虑其来自有机质对硫酸盐的热还原作用(TSR)或岩浆硫；而当 $\delta^{34}S$ 值小于 0 时，多以硫酸盐生物还原作用为主。而将本文的 $\delta^{34}S$ 变化范围与其他各类岩石的 $\delta^{34}S$ 变化范围进行对比(图 6-20)，整体而言，根据基性岩的 $\delta^{34}S$ 值为 6.7‰～7.6‰，超镁铁质岩 $\delta^{34}S$ 平均值为+1.2‰(−1.3‰～7.3‰)，陨石 $\delta^{34}S$ 变化于−0.6‰～2.6‰的特征，井冲矿床的 $\delta^{34}S$ 值与陨石较为相似，反映了主要为深源岩浆源区特征。同时，个别较小的负 $\delta^{34}S$ 值说明由少量的生物还原硫酸盐形成的硫同位素。因此，井冲铜钴矿床矿石硫化物的 S 主要来自深源岩浆岩，也混入了少量的围岩地层硫。

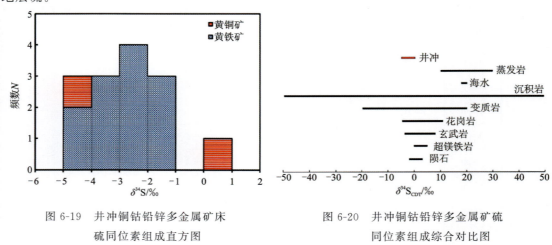

图 6-19 井冲铜钴铅锌多金属矿床硫同位素组成直方图

图 6-20 井冲铜钴铅锌多金属矿硫同位素组成综合对比图

2. 铅同位素

井冲铜钴铅锌多金属矿床热液硫化物阶段的 9 件黄铁矿和黄铜矿铅同位素测试结果见表 6-9。结果显示：矿区硫化物单矿物 $^{206}Pb/^{204}Pb$ 值为 18.186～18.372，平均值为 18.313；$^{207}Pb/^{204}Pb$ 值为 15.611～15.686，平均值为 15.651；$^{208}Pb/^{204}Pb$ 值为 38.550～38.788，平均值为 38.671。其中，8 件黄铁矿的 $^{206}Pb/^{204}Pb$ 值为 18.186～18.372，平均值为 18.315；$^{207}Pb/^{204}Pb$ 值为 15.611～15.773，平均值为 15.654；$^{208}Pb/^{204}Pb$ 值为 38.550～38.788，平均值为 39.810。1 件黄铜矿的 $^{206}Pb/^{204}Pb$、$^{207}Pb/^{204}Pb$、$^{208}Pb/^{204}Pb$ 值分别为 18.305、15.624、

第六章 井冲铜钴铅锌多金属矿成矿作用及成因

表 6-9 井冲铜钴铅锌多金属矿床铅同位素组成及参数

编号	样号	单矿物	$^{206}Pb/^{204}Pb$	$^{207}Pb/^{204}Pb$	$^{208}Pb/^{204}Pb$	t/Ma	μ	ω	Th/U	$\Delta\beta$	$\Delta\gamma$
1	JC-1-1	黄铁矿	18.316	15.663	38.698	312	9.60	38.72	3.90	22.83	46.44
2	JC-3-1-1-1	黄铁矿	18.372	15.611	38.550	208	9.49	37.29	3.80	18.94	37.83
3	JC-3-1-2-1	黄铁矿	18.316	15.668	38.732	318	9.61	38.91	3.92	23.19	47.63
4	JC-3-2-2-1	黄铁矿	18.325	15.653	38.677	294	9.58	38.49	3.89	22.09	43.07
5	JC-3-2-2-2	黄铜矿	18.305	15.624	38.570	273	9.52	37.87	3.85	20.09	41.25
6	JC-3-3-1-1	黄铁矿	18.186	15.624	38.552	358	9.54	38.48	3.90	20.53	44.56
7	JC-3-3-2	黄铁矿	18.372	15.686	38.788	300	9.64	39.00	3.92	24.28	48.34
8	JC-3-4-1	黄铁矿	18.312	15.666	38.741	318	9.60	38.96	3.93	23.06	47.88
9	JC-3-6-1-1	黄铁矿	18.317	15.663	38.728	311	9.60	38.84	3.92	22.83	47.21

说明：模式年龄据 Doe et al，1974；其他数据在中国地质调查局武汉地质调查中心同位素地球化学研究室测试得出。

38.570。整体表明，井冲矿区铅的同位素组成比较稳定，比值相对均一，变化范围普遍很小，显示普通铅特征，说明矿床中铅同位素来自较稳定的铅源。

将矿床中的9个铅同位素组成数据投影到铅同位素构造模式图解中(图6-21)，发现其数据非常集中，均落在造山带与上地壳演化线之间，显示了成矿物质与造山活动密切相关，成矿物质可能主要来自上地壳与地幔混合源区，但是整体以壳源为主。铅同位素 μ 值的变化能够反映铅的来源信息(王立强等，2010)，特别是高 μ 值(>9.58)的铅通常被认为是来自 U、Th 相对富集的上部地壳物质(吴开兴等，2002；Zartman et al，1981)，井冲矿床的矿石铅同位素 μ 值普遍较大，变化范围为 9.49～9.60，但少量 μ 值也小于 9.58，平均值为 9.58，表明矿区的铅源主要具有上地壳源区特征；ω 值介于 37.29～39.00 之间，说明有部分幔源物质的贡献。

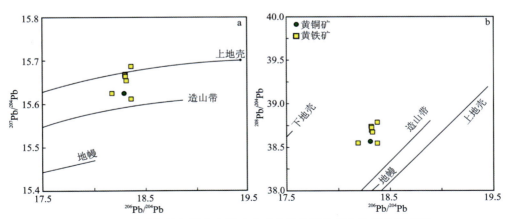

图 6-21 井冲铜钴铅锌多金属矿床硫化物铅同位素构造演化模式图
(底图据 Zartman et al，1981)

第五节　矿床成因

易祖水等(2008,2010)基于矿床地质特征,认为矿床属"与花岗岩有关的中温热液裂隙充填交代型钴铜多金属矿床"。王智琳等(2015)认为矿床属"中温构造热液蚀变成因"。Wang等(2017)认为矿床成因属于"与连云山岩体相关的岩浆热液型钴铜多金属矿床"。刘萌等(2018)将井冲矿床成因归为"热液充填交代型矿床"。

本文在矿床地质分析基础上,综合成岩-成矿年代、成矿物质来源、成矿流体性质研究等资料,结合易祖水等(2008,2010)、王智琳等(2015)、Wang等(2017)、刘萌等(2018)等对该矿床已有成因的上述探讨,认为井冲铜钴铅锌多金属矿的成因属于"与燕山期连云山岩体侵位相关的早白垩世(128Ma±)中温岩浆热液交代型铜钴铅锌多金属矿床"。

矿床的成矿过程简述为:新元古代,湘东北地区形成大面积分布的冷家溪群(PtLN)浅变质岩基底。燕山期,受太平洋板块向扬子板块俯冲及其远程效益的影响,连云山岩体于149Ma左右发生侵入于冷家溪群(PtLN)浅变质岩地层中。湘东北地区发生北北东向长-平断裂带的左行-走滑-挤压剪切作用,在矿区的连云山岩体与冷家溪群(PtLN)浅变质岩地层接触界线,形成构造挤压破碎带。在晚侏罗世—早白垩世,湘东北地区构造应力由挤压转化为走滑-拉伸,区域应力逐步得到释放。由于外界压力的减小,深部岩浆沿断裂带构造薄弱部位发生上侵,向其旁侧或上部压力小、温度低的构造破碎带运移。古老的连云山杂岩地层中的Cu、Co、Pb、Zn等多种元素在深部岩浆热液的烘烤作用下,被激活、萃取并随之迁移。当含矿热液运移至层间剪切带、层间构造裂隙群等有利赋矿构造时,流体从一个封闭体系进入到相对开放体系中,此时原先的封闭体系被打破,使得压力急剧下降,流体发生减压沸腾作用,导致含矿热液物理化学条件发生持续改变,成矿流体中矿质元素逐渐沉淀、分异。同时,大气降水对成矿流体的不断混合,使得成矿流体的温度和盐度不断降低,也是造成矿质沉淀的重要因素。大量矿石在此物理化学环境中逐步沉淀,并在长-平断裂带的有利空间内形成规模宏大的构造热液蚀变带(Gs)及赋予其中的多金属矿体。最终形成井冲铜钴铅锌多金属矿体,经后期剥蚀-风化作用,保留至今。

第七章 桃林铅锌铜多金属矿成矿作用及成因

第一节 成岩成矿时代

一、成岩时代

1. 锆石形貌学

黑云母二长花岗岩(TL-3-6)的锆石 CL 图像总体清晰(图 7-1),可见完整的振荡韵律环带,几乎不存在其他类型图像或色斑。锆石颗粒形态大部分呈长柱状—短柱状,少数呈椭圆状。锆石形态方面,锆石颗粒长 100~150μm,宽 40~75μm,长宽比 7.3~1.2。在 17 颗锆石颗粒中,9 颗锆石的 Th/U>0.4(Th/U 最大值 2.13,最小值 0.52),占比约 50%,剩余 7 颗锆石(6 号、11 号、13 号、14 号)均 Th/U<0.4,分别为 0.32、0.25、0.20、0.05、0.05、0.05、0.02、0.20(表 7-1),分别对应 12、15、16、2、7、9、18、19 测点。结合锆石颗粒的形貌学特征发现上述颗粒测点位置均位于岩浆环带特征中,因此,在参考岩浆锆石 Th/U 一般大于 0.4 的规律基础上(吴元保等,2004),整体判断该锆石属于岩浆锆石。

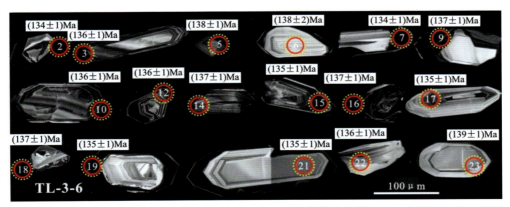

图 7-1 桃林铅锌铜多金属矿黑云母二长花岗岩锆石阴极射线发光影像(CL)与测试位置示意图
(红色为 U-Pb,黄色为 Lu-Hf)

2. 锆石 U-Pb 年龄

17 颗锆石颗粒的激光剥蚀测试位置见图 7-1 红色部分,相应的计算结果见表 7-1。数据表明,黑云母二长花岗岩的 17 颗锆石颗粒所获得的 $^{206}Pb/^{238}U$ 年龄结果集中分布于 134~139Ma。由于所测锆石年龄均小于 1000Ma,选取 $^{206}Pb/^{238}U$ 年龄采用 ISOPLOT 软件进行加权平均计算,获得加权平均值为 Mean=(136±0.8)Ma(MSWD=1.8,N=17)(图 7-2),对应于早白垩世,代表黑云母二长花岗岩岩体的成岩年龄。

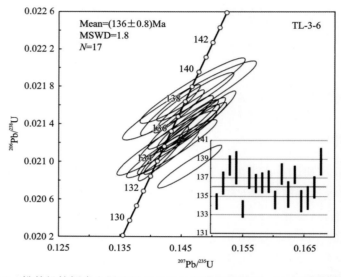

图 7-2 桃林铅锌铜多金属矿黑云母二长花岗岩锆石 U-Pb 年龄谐和图

3. 锆石 Lu-Hf 同位素

对黑云母二长花岗岩已获得有意义 U-Pb 年龄的锆石颗粒相应部位进行了 Hf 同位素原位分析,测试示意位置见图 7-1 黄色虚线部分,相应的计算结果见表 7-2。分析发现,黑云母二长花岗岩的 $^{176}Lu/^{177}Hf$ 比值介于 0.000 262~0.001 770 之间,$^{176}Hf/^{177}Hf$ 比值介于 0.282 497~0.282 605 之间,$\varepsilon_{Hf}(t)$ 为 -7.8~-4.0,一阶段模式年龄 T_{DM1} 为 911~1064Ma,二阶段模式年龄 T_{DM2} 为 1383~1625Ma。在花岗岩锆石地壳模式年龄(T_{DM2})和 $\varepsilon_{Hf}(t)$ 频数图(图 7-3)中,可见二阶段模式年龄 T_{DM2} 主要集中于 1500~1600Ma,$\varepsilon_{Hf}(t)$ 为 -6~-4,在锆石 $\varepsilon_{Hf}(t)$-T_{Ma}(a)和 $^{176}Hf/^{177}Hf$-T_{Ma}(b)图解(图 7-4)中,投点主要落入球粒陨石和下地壳之间。综合表明桃林铅锌矿区黑云母花岗岩的岩浆起源可能主要为古元古代—中元古代的地壳岩石部分熔融,岩浆源区或上升过程中可能混入部分新元古代幔源物质。

表 7-1 桃林铅锌铜多金属矿黑云母二长花岗岩锆石 U-Pb 年代学数据

测试点	$w_B/10^{-6}$ Th	$w_B/10^{-6}$ U	Th/U	同位素比值 $^{207}Pb/^{206}Pb$	1σ	$^{207}Pb/^{235}U$	1σ	$^{206}Pb/^{238}U$	1σ	同位素年龄/Ma $^{207}Pb/^{206}Pb$	1σ	$^{207}Pb/^{235}U$	1σ	$^{206}Pb/^{238}U$	1σ	置信度/%
TL-3-6-2	152	2954	0.05	0.048 57	0.000 86	0.141 53	0.002 43	0.021 08	0.000 14	128	43	134	2	134	1	99
TL-3-6-3	962	1340	0.72	0.049 63	0.001 15	0.146 86	0.003 51	0.021 39	0.000 19	189	54	139	3	136	1	98
TL-3-6-5	828	869	0.95	0.049 18	0.001 40	0.147 25	0.004 16	0.021 69	0.000 17	167	67	139	4	138	1	99
TL-3-6-6	253	300	0.84	0.048 66	0.002 26	0.146 29	0.007 20	0.021 65	0.000 28	132	111	139	6	138	2	99
TL-3-6-7	153	3212	0.05	0.050 44	0.001 20	0.146 36	0.003 46	0.020 95	0.000 15	217	83	139	3	134	1	96
TL-3-6-9	113	2332	0.05	0.050 17	0.001 08	0.149 09	0.003 15	0.021 48	0.000 18	211	50	141	3	137	1	97
TL-3-6-10	1034	1399	0.74	0.049 66	0.001 19	0.147 09	0.003 48	0.021 39	0.000 16	189	56	139	3	136	1	97
TL-3-6-12	461	1442	0.32	0.049 18	0.001 07	0.146 02	0.003 30	0.021 40	0.000 17	167	50	138	3	136	1	98
TL-3-6-14	705	1357	0.52	0.048 92	0.001 23	0.144 86	0.003 52	0.021 42	0.000 19	143	64	137	3	137	1	99
TL-3-6-15	633	2498	0.25	0.049 09	0.001 07	0.143 40	0.002 97	0.021 10	0.000 16	150	56	136	3	135	1	98
TL-3-6-16	459	2306	0.2	0.047 86	0.001 07	0.143 19	0.003 22	0.021 55	0.000 18	100	54	136	3	137	1	98
TL-3-6-17	470	452	1.04	0.049 06	0.001 98	0.142 62	0.005 38	0.021 20	0.000 23	150	94	135	5	135	1	99
TL-3-6-18	62	3104	0.02	0.048 41	0.000 93	0.144 62	0.002 71	0.021 53	0.000 15	120	46	137	2	137	1	99
TL-3-6-19	63	2786	0.02	0.048 58	0.000 89	0.142 06	0.002 69	0.021 08	0.000 19	128	43	135	2	135	1	99
TL-3-6-21	475	569	0.83	0.049 25	0.001 75	0.143 43	0.004 87	0.021 14	0.000 20	167	81	136	4	135	1	99
TL-3-6-22	1700	797	2.13	0.049 14	0.001 47	0.144 77	0.004 25	0.021 32	0.000 19	154	75	137	4	136	1	99
TL-3-6-23	300	476	0.63	0.049 21	0.001 97	0.146 80	0.005 65	0.021 76	0.000 23	167	97	139	5	139	1	99

表 7-2 桃林铅锌铜多金属矿黑云母二长花岗岩锆石 Lu-Hf 同位素数据

测点号	^{176}Yb/^{177}Hf	^{176}Lu/^{177}Hf	^{176}Hf/^{177}Hf	2σ	Age/Ma	εHf(0)	εHf(t)	T_{DM1}/Ma	T_{DM2}/Ma	$f_{Lu/Hf}$
TL-3-6-02	0.034 689	0.001 024	0.282 541	0.000 015	136	−8.2	−5.3	1008	1529	−0.97
TL-3-6-03	0.023 680	0.000 691	0.282 527	0.000 012	136	−8.7	−5.7	1019	1558	−0.98
TL-3-6-04	0.040 403	0.001 117	0.282 513	0.000 048	136	−9.2	−7.2	1049	1590	−0.97
TL-3-6-05	0.014 953	0.000 399	0.282 498	0.000 020	136	−9.7	−7.7	1051	1621	−0.99
TL-3-6-06	0.026 652	0.000 845	0.282 542	0.000 020	136	−8.1	−5.3	1002	1527	−0.97
TL-3-6-07	0.028 768	0.000 734	0.282 605	0.000 017	136	−5.9	−3.0	911	1383	−0.98
TL-3-6-08	0.028 027	0.000 650	0.282 526	0.000 016	136	−8.7	−5.8	1018	1559	−0.98
TL-3-6-09	0.031 241	0.000 947	0.282 523	0.000 023	136	−8.8	−5.9	1031	1569	−0.97
TL-3-6-10	0.044 867	0.001 402	0.282 508	0.000 023	136	−9.3	−7.5	1064	1604	−0.96
TL-3-6-11	0.056 776	0.001 770	0.282 559	0.000 017	136	−7.5	−4.7	1002	1493	−0.95
TL-3-6-12	0.034 780	0.000 850	0.282 529	0.000 011	136	−8.6	−5.7	1020	1554	−0.97
TL-3-6-13	0.018 234	0.000 527	0.282 512	0.000 024	136	−9.2	−7.3	1035	1592	−0.98
TL-3-6-14	0.041 950	0.001 312	0.282 514	0.000 029	136	−9.1	−7.2	1054	1590	−0.96
TL-3-6-15	0.027 382	0.000 733	0.282 526	0.000 014	136	−8.7	−5.8	1022	1562	−0.98
TL-3-6-16	0.011 839	0.000 262	0.282 497	0.000 015	136	−9.7	−7.8	1049	1625	−0.99
TL-3-6-17	0.035 193	0.000 769	0.282 527	0.000 018	136	−8.7	−5.8	1021	1559	−0.98
TL-3-6-18	0.020 639	0.000 460	0.282 555	0.000 014	136	−7.7	−4.7	973	1491	−0.99

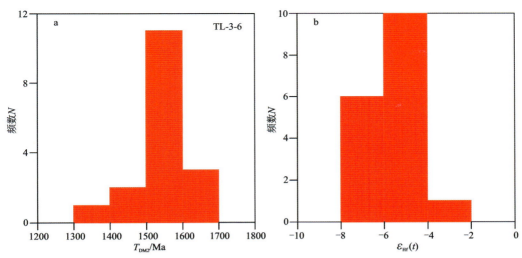

图 7-3 桃林铅锌铜多金属矿黑云母二长花岗岩锆石地壳模式年龄(T_{DM2})和 $\varepsilon_{Hf}(t)$ 频数图

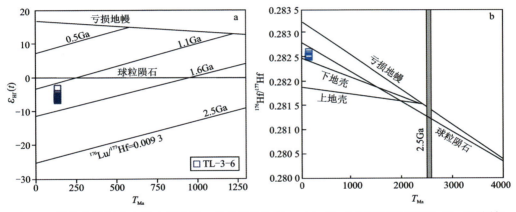

图 7-4 桃林铅锌铜多金属矿黑云母二长花岗岩锆石 $\varepsilon_{Hf}(t)$-T_{Ma}(a) 和 $^{176}Hf/^{177}Hf$-T_{Ma}(b) 图解

二、成矿时代

对桃林铅锌铜多金属矿开展闪锌矿 Rb-Sr 同位素等时线测试,以确定成矿时代。样品采集主要位于上塘冲矿段的 −200m 中段 28 线勘探线剖面的 732 矿块、714 矿块、710 矿块等,采样过程大致垂直桃林大断裂展布方向,主要沿 320°左右方向,由南东向北西,以 50m 左右间距采集石英-硫化物期的石英-方铅矿-闪锌矿-黄铜矿阶段的块状硫化物矿石,矿石特征及矿物学特征在前文已予以介绍。

本次分析的闪锌矿 Rb-Sr 同位素等时线结果见图 7-5,表 7-3。从表 7-3 可见,桃林矿区闪锌矿的 Rb 含量介于 $0.009\ 33×10^{-6} \sim 0.056\ 57×10^{-6}$ 之间,Sr 含量介于 $0.102\ 20×10^{-6} \sim 1.052\ 00×10^{-6}$ 之间;$^{87}Rb/^{86}Sr$ 比值变化范围较大,为 $0.025\ 60 \sim 1.332\ 00$ 之间;$^{87}Sr/^{86}Sr$ 比值分布在 $0.717\ 90 \sim 0.720\ 42$ 之间。在 $^{87}Rb/^{86}Sr$-$^{87}Sr/^{86}Sr$ 等时线图解上(图 7-5),用 LSOPLOT 计算得到闪锌矿单矿物的 Rb-Sr 等时线年龄为 $(135.4±2.6)$Ma(MSWD=0.95),

初始^{87}Sr/^{86}Sr 值为 0.717 86±0.000 03。该等时线的数据可靠,质量较高,表明桃林铅锌铜多金属矿的闪锌矿形成时代为早白垩世,且与矿区黑云母二长花岗岩的结晶年龄(136±0.8)Ma(MSWD=1.8,N=17)一致,并证实矿床形成与矿区黑云母二长花岗岩侵入活动密切相关。

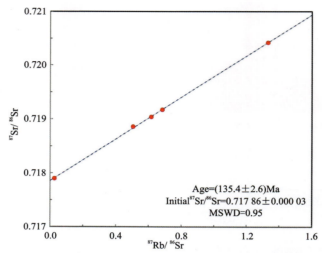

图 7-5 桃林铅锌铜多金属矿闪锌矿单矿物 Rb-Sr 等时线图

表 7-3 桃林铅锌铜多金属矿闪锌矿单矿物 Rb-Sr 同位素组成

矿区	样品号	测试矿物	$w(Rb)/10^{-6}$	$w(Sr)/10^{-6}$	$^{87}Rb/^{86}Sr$	$^{87}Sr/^{86}Sr$	1σ
桃林	TL-1-1-2	闪锌矿	0.047 16	0.102 20	1.332 00	0.720 42	0.000 02
桃林	TL-1-2	闪锌矿	0.024 36	0.114 00	0.616 50	0.719 04	0.000 02
桃林	TL-2-7-1	闪锌矿	0.056 57	0.322 80	0.505 80	0.718 86	0.000 03
桃林	TL-2-10-1-2	闪锌矿	0.041 16	0.173 40	0.685 10	0.719 17	0.000 06
桃林	TL-2-32-2-2	闪锌矿	0.009 33	1.052 00	0.025 60	0.717 90	0.000 02

注:表中数据在中国地质调查局武汉地质调查中心同位素地球化学研究室测试得出。

第二节 成矿岩体岩石地球化学

在矿区上塘冲矿段 ZK1401 进尺约 680m 处岩芯中(29°18′40″N,113°26′36″E)采集花岗岩样品(图 7-6),岩性主要为黑云母二长花岗岩,岩石颜色灰黑色—灰白色,新鲜无蚀变,粒状结构,块状构造,与张鲲等(2012)的认识一致。该黑云母二长花岗岩的矿物组分为斜长石(40%~45%)、碱性长石(30%~35%)、石英(25%±)、黑云母(5%±)及少量白云母。斜长石呈自形—半自形板条状,粒径 0.5~1mm,发育特征聚片双晶。碱性长石呈自形—半自形板条状,粒径 0.5~1mm,局部可见格子双晶发育。石英呈他形粒状,粒径 0.1~0.5mm。黑云母呈不规则片状或片状集合体,粒径 0.1~0.2mm,镜下呈褐绿色—棕褐色,多色性明显。白云母呈不规则片状或片状集合体,粒径一般小于 0.1mm,极少量达 1mm,单偏光下呈无色,正交光下呈绿色—粉红色异常干涉色。

图 7-6　桃林铅锌铜多金属矿黑云母二长花岗岩地质特征

Pl. 斜长石;Qz. 石英;Mi. 微斜长石;Ms. 白云母;Ser. 绢云母

张鲲等(2012)开展了矿区黑云母二长花岗岩岩石地球化学研究,本文筛选出其无风化蚀变样品的测试数据(表 7-4)进一步分析。黑云母二长花岗岩 SiO_2 含量较高(70.96%~71.14%),碱含量(Na_2O+K_2O)变化范围为 6.66%~6.93%;贫钙贫镁,CaO 含量范围为 2.52%~2.63%,MgO 含量范围为 0.64%~0.79%。在岩石系列 SiO_2-K_2O 图解上(图 7-7)落在高钾钙碱性岩系。Al_2O_3 含量较稳定(14.61%~14.73%),铝饱和指数(A/CNK)值指示为弱过铝质(图 7-8)。在微量元素蛛网图上,岩石富轻稀土元素(LREE)和大离子亲石元素(LILE),贫重稀土元素(HREE)和亏损高场强元素(Nb、Ti),富集 Ba、U、K、Pb 等大离子亲石元素(图 7-9)。Nb/Ta 比值(3.5~5.9)低与地壳平均值为 12.5~13.5(Barth et al,2000),远小于球粒陨石和原始地幔 Nb/Ta 比值为 17.5(Sun et al,1989),表明其属于壳源成因类型。Eu 弱正异常,暗示源区可能经历了角闪石、辉石、石榴子石等矿物的分离结晶作用,Ti 元素亏损可能与钛铁矿的分离结晶有关。稀土元素含量低,ΣREE 为 129.35×10^{-6}~133.01×10^{-6}。LREE/HREE 为 17.15~19.01,$(La/Yb)_N$ 为 37.06~45.38,LREE 分馏显著,$(La/Gd)_N$ 为 9.51~9.09;HREE 弱分馏,$(Dy/Yb)_N$ 为 2.62~2.63;Eu 弱正异常。黑云母二长花岗岩球粒陨石标准化的 REE 配分模式为右倾斜配分模式(图 7-10)。综合表明,黑云母二长花岗岩属于弱过铝质高钾钙碱性系列,类似于壳幔混熔型花岗岩。

表 7-4　黑云母二长花岗岩主量元素(wt/%)及微量元素($\times 10^{-6}$)质量分数组成(据张鲲等,2012)

样品	中粗粒黑云母二长花岗岩	中粗粒黑云母二长花岗岩
样号	TL4-1	TL4-2
SiO_2	71.14	70.96
TiO_2	0.26	0.29
Al_2O_3	14.73	14.61
Fe_2O_3	1.80	0.96

续表 7-4

样品	中粗粒黑云母二长花岗岩	中粗粒黑云母二长花岗岩
样号	TL4-1	TL4-2
FeO	1.35	2.28
MnO	0.05	0.07
MgO	0.64	0.79
CaO	2.52	2.63
Na_2O	3.42	3.37
K_2O	3.51	3.29
P_2O_5	0.12	0.11
灼失	0.04	0.08
合计	99.58	99.45
Na_2O+K_2O	6.93	6.66
K_2O/Na_2O	1.03	0.98
A/CNK	1.05	1.05
A/NK	1.56	1.60
Sr	478.00	566.00
Ba	1 480.00	1 820.00
Th	11.30	10.90
U	2.05	2.48
Nb	12.80	9.56
Ta	3.66	1.62
Zr	114.00	120.00
Hf	4.52	4.32
Co	3.74	4.76
Ni	6.24	5.55
Cr	9.86	26.40
Cu	27.70	19.60
Pb	78.20	80.10
Zn	94.40	73.70
W	0.48	0.54
Bi	0.86	0.85
Mo	0.66	0.60
P	502.11	497.75
K	29 125.53	27 300.00

续表 7-4

样品	中粗粒黑云母二长花岗岩	中粗粒黑云母二长花岗岩
样号	TL4-1	TL4-2
Ti	1 566.00	1 764.00
La	32.90	31.00
Ce	56.80	55.80
Pr	6.92	6.60
Nd	24.20	23.30
Sm	4.11	3.96
Eu	1.43	1.56
Gd	3.46	3.41
Tb	0.38	0.40
Dy	1.36	1.58
Ho	0.21	0.26
Er	0.58	0.70
Tm	0.07	0.10
Yb	0.52	0.60
Lu	0.06	0.08
Y	5.57	6.59
Yb_N	3.06	3.53
ΣREE	133.01	129.35
LREE	126.36	122.22
HREE	6.65	7.13
LREE/HREE	19.01	17.15
$(La/Yb)_N$	45.38	37.06
$(La/Sm)_N$	5.17	5.05
$(La/Gd)_N$	8.24	7.88
$(Gd/Yb)_N$	5.50	4.70
$(Dy/Yb)_N$	1.75	1.76
δEu	1.13	1.30
δCe	0.92	0.96
C/MF	0.79	0.74
A/MF	2.53	2.26

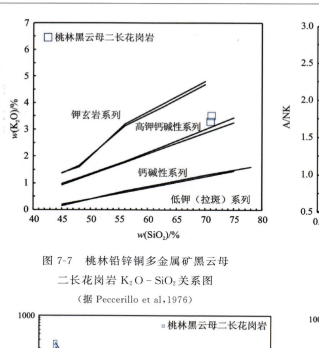
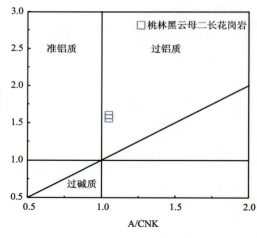

图 7-7　桃林铅锌铜多金属矿黑云母二长花岗岩 K_2O-SiO_2 关系图

（据 Peccerillo et al,1976）

图 7-8　桃林铅锌铜多金属矿黑云母二长花岗岩 A/CNK - A/NK 图

（据 Maniar et al,1989）

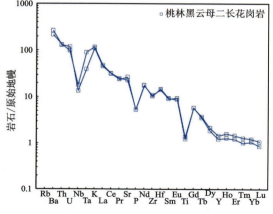

图 7-9　桃林铅锌铜多金属矿黑云母二长花岗岩微量元素原始地幔标准化蛛网图

（标准化数据据 Sun et al,1989）

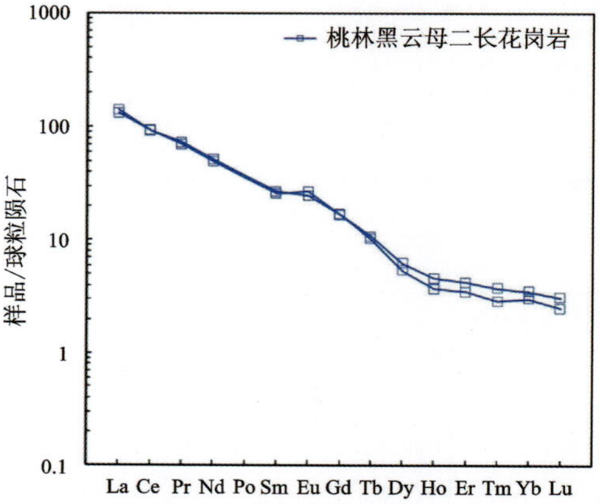

图 7-10　桃林铅锌铜多金属矿黑云母二长花岗岩稀土元素球粒陨石标准化分布模式

（标准化数据据 Sun et al,1989）

第三节　成矿流体性质

一、岩相学

选取桃林铅锌铜多金属矿床中主成矿阶段的石英和闪锌矿进行流体包裹体特征研究（图 7-11），发现石英和闪锌矿中流体包裹体数量丰富，形态多样，主要呈椭圆形、负晶形、长条形、圆形、不规则状等；包裹体大小一般在 5~25μm 之间，少数可达 30μm。通过观察，发现流体包裹体主体以原生富液两相包裹体（VL 型）为主，偶见纯液相包裹体（L 型）、纯气相包裹体（V 型）（图 7-12）。各类型包裹体岩相学特征简述如下。

第七章 桃林铅锌铜多金属矿成矿作用及成因

图 7-11 桃林铅锌铜多金属矿含矿石英脉地质特征

a. 石英-黄铜矿矿脉; b. 石英-萤石-闪锌矿石; c. 含石英-闪锌矿矿石英脉; d. 块状石英-萤石-方铅矿脉体组合。

矿物代号: Qz. 石英; Fl. 萤石; Sph. 闪锌矿; Ga. 方铅矿; Cp. 黄铜矿

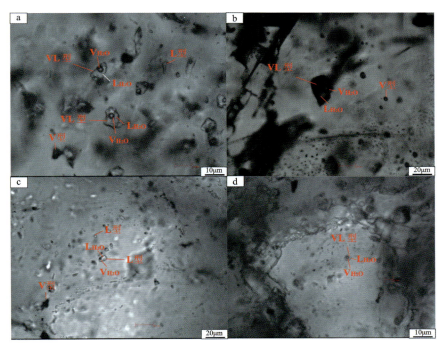

图 7-12 桃林铅锌铜多金属矿流体包裹体岩相学特征

a. 石英中富液两相包裹体、纯液相包裹体和纯气相包裹体共存; b. 石英中富液两相包裹体; c. 石英中群相包裹体, 主要以富液两相包裹体为主, 少见纯气相包裹体; d. 石英中富液两相包裹体。

V_{H_2O}: H_2O 的蒸汽相; L_{H_2O}: H_2O 的液相

富液两相包裹体(VL型):该类型包裹体数量最为丰富,占整体的50%以上。流体包裹体中气泡所占比介于0~45%之间。该类型形态多样,主要见椭圆形、长条状、负晶形以及不规则形状,大小从3μm×2μm到20μm×15μm不等,多在8μm×6μm左右,多以群体无规律出现,或呈线状及带状分布。

纯液相包裹体(L型):分布较普遍,该类流体包裹体形状与富液相流体包裹体的形状类似,主要为椭圆形、长条状、不规则状等,部分样品可见流体包裹体呈负晶形,主要由液相水,特别透明,大小差异较大,大小多在5~25μm之间,多呈群集分布和孤立分布。

纯气相包裹体(V型):该类包裹体在石英和闪锌矿中偶尔可见,颜色主要为灰黑色,或者内圈边界为黑色,室温下为单一气相,升温过程无相态变化,多呈椭圆形或圆形,大小2~6μm。

二、物理化学条件

1. 均一温度

通过包裹体显微测温,获得了石英、闪锌矿等寄主矿物中成矿流体的均一温度。石英中流体包裹体的均一温度变化于144~278℃之间,集中于160~200℃之间,平均值为180.6℃。闪锌矿中流体包裹体的均一温度变化于138~215℃之间,集中于160~200℃之间,平均均一温度为194.8℃。均一温度在直方图中呈"塔式"分布。整体而言,流体包裹体结果显示,热液硫化物阶段的均一温度主要集中于160~200℃之间,说明成矿流体的温度具有低温特征。测试结果如表7-5,均一温度如图7-13、图7-14所示。

表7-5　桃林铅锌铜多金属矿成矿流体温度、盐度、密度、压力、成矿深度参数表

寄主矿物	包裹体类型	冰点温度/℃	均一温度/℃	盐度/wt%NaCleqv	密度/(g·cm^{-3})	压力/MPa	成矿深度/km
石英	VL	−12~−0.7	144~278	1.2~17.0	0.86~1.02	10.6~34.1	1.06~4.3
闪锌矿	VL	−10~−0.4	138~215	0.7~14.9	0.88~1.02	14.6~24.7	1.0~2.1

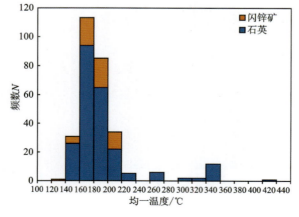

图7-13　桃林铅锌铜多金属矿流体包裹体均一温度直方图

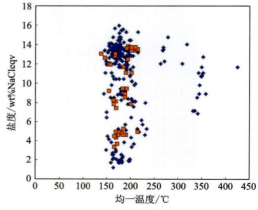

图7-14　桃林铅锌铜多金属矿流体包裹体均一温度-盐度散点图

2. 盐度

利用 Hall 等(1988)提出的盐度计算公式(5-1)，计算桃林矿床流体包裹体的盐度。计算结果表明(表 7-5)，桃林矿床的石英中流体包裹体的盐度变化介于 1.2wt%～17.0wt% NaCleqv 之间，集中于 12wt%～14wt% NaCleqv 之间，平均盐度为 10.4wt%NaCleqv；闪锌矿中流体包裹体的盐度变化介于 0.7wt%～14.9wt% NaCleqv 之间，集中于 12wt%～14wt%NaCleqv 之间，平均盐度为 9wt%NaCleqv。总之，流体包裹体盐度整体集中于 12wt%～14wt%NaCleqv 之间，说明成矿流体具有中低盐度特征(图 7-15、图 7-16)。

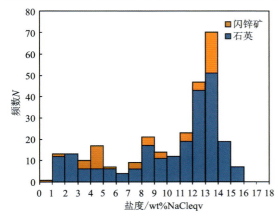

图 7-15 桃林铅锌铜多金属矿流体包裹体盐度直方图

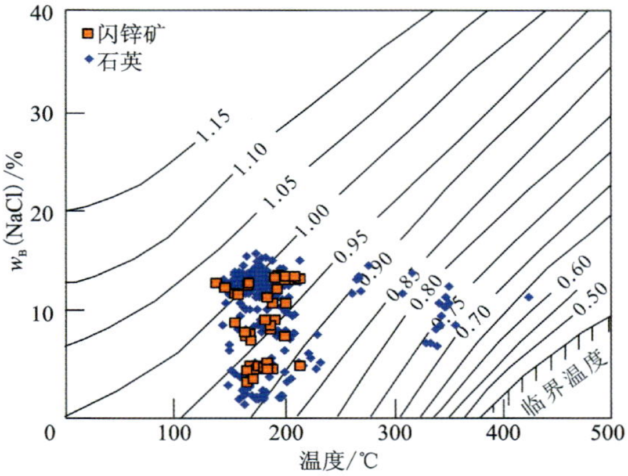

图 7-16 桃林铅锌铜多金属矿流体包裹体密度图解

3. 密度

流体包裹体的密度，主要通过刘斌(1987)提出的经验公式，见式(5-2)。

计算结果表明，桃林铅锌铜多金属矿热液硫化物阶段成矿流体的密度范围为 0.64～1.02g/cm³，平均值为 0.95g/cm³ (表 7-5，图 7-16)，由此表明桃林铅锌铜多金属矿热液硫化物阶段成矿流体的密度相对较低。

4. 压力与成矿深度(估算)

成矿流体的压力，主要根据邵洁连等(1990)提出的经验公式(5-3)，得出桃林矿床热液硫化物阶段的流体捕获压力为 10.6～34.1MPa，主要集中于 18～22MPa 之间，平均捕获压力为 18.7MPa，如表 7-5 所示。由于桃林铅锌铜多金属矿床主要产于构造破碎带中且明显受到断裂控制，矿体主要以脉状产出，表征成矿过程主体处于半开放环境，因而采用静水压力梯度来估算成矿深度，即用压力除以 10MPa/km，由此获得桃林铅锌铜多金属矿的成矿深度范围为 1.1～4.3km，其峰值在 1.8～2.2km 之间，平均深度 1.87km，总体形成于浅成环境。

三、H-O 同位素

桃林铅锌铜多金属矿主成矿期热液硫化物阶段的 4 件石英样品的 H-O 同位素分析及计

算结果见表7-6。其中,δD_{H_2O} 为 $-67.4‰ \sim -62.5‰$(均值为 $-64.6‰$),$\delta^{18}O_{H_2O}$ 为 $-4.1‰ \sim -1.8‰$(均值为 $-2.6‰$)。流体 $\delta^{18}O_{H_2O}$ 采用 Clayton 等(1972)计算公式,根据包裹体显微测温结果进行,换算公式为 $1000\ln\alpha_{石英水} = 4.38 \times 10^6 T^{-2} - 4.40$($T$ 为均一温度,本次采用均值 194℃进行计算)。

表7-6 桃林铅锌铜多金属矿成矿流体 H-O 同位素组成

样号	矿物	$\delta D_{H_2O}/‰$	$\delta^{18}O_{石英}/‰$	Th/℃	T	$\delta^{18}O_{H_2O}/‰$
TL-2-7-1	石英	−65.9	9.2	194	467.15	−2.9
TL-2-7-3	石英	−62.7	9.2	194	467.15	−2.9
TL-2-10-1	石英	−62.5	9	194	467.15	−4.1
TL-2-32-2	石英	−67.4	10.3	194	467.15	−1.8

注:表中数据在核工业北京地质研究院测试得出。

将桃林铅锌铜多金属矿床石英中流体包裹体的 H-O 同位素结果投入氢-氧同位素组成图中(表7-6,图7-17),发现桃林铅锌铜多金属矿 δD_{V-SMOW} 值均对应典型岩浆水 δD_{V-SMOW} 范围($-80‰ \sim -40‰$)(Taylor et al,1974),说明成矿流体主要来源于岩浆热液,与前文的 S 同位素特征相一致。但氧同位素 $\delta^{18}O_{H_2O}$ 整体明显小于岩浆水 $\delta^{18}O_{H_2O}$ 值($5.5‰ \sim 9.6‰$)(Taylor et al,1974),明显向大气降水线附近偏移,说明桃林铅锌铜多金属矿的成矿流体为岩浆水与大气降水的混合流体。由于桃林铅锌铜多金属矿主要产于构造破碎带内,以脉状产出,推测成矿流体早期主要起源于岩浆热液,伴随着后期大气降水的逐渐混入,混合岩浆水成为成矿流体的主干组成部分。根据石英和闪锌矿中流体包裹体特征分析,发现流体包裹体中均含有大量的富液两相、纯液相、纯气相包裹体,具有典型沸腾包裹体的特征。因此,成矿早期,含有成矿元素的岩浆热液向上运移过程中,当从封闭的岩浆系统进入开放的空间中,压力的骤然释放,使得流体发生沸腾作用。而后期伴随着大气降水的不断混入,使得流体温度和盐度不断降低,而 H-O 同位素特征也表明了大气降水的不断混入使得流体性质发生了改变。因此,除了沸腾作用外,大气降水混合作用也是诱发桃林铅锌铜多金属矿中矿质沉淀的重要因素。

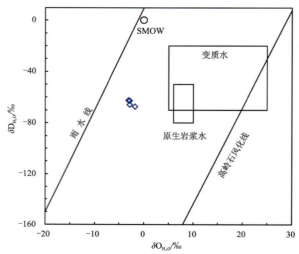

图7-17 桃林铅锌铜多金属矿成矿流体 δD_{H_2O}-δO_{H_2O} 图解

第四节 成矿物质来源

一、硫同位素

桃林铅锌铜多金属矿热液硫化物阶段的 12 件方铅矿、闪锌矿等硫化物单矿物及 Ding 等（1984）所测的 5 件重晶石等硫酸盐单矿物样品的硫同位素分析结果见表 7-7。矿床的硫化物的 $\delta^{34}S$ 值分布相对集中，介于 $-10.2‰\sim-4.52‰$ 之间，平均值为 $-6.40‰$。$\delta^{34}S(‰)$ 变化范围总体相对狭窄，具有一定的塔式分布特征，总体小于均一岩浆的硫同位素组成（$0±5‰$）。其中，方铅矿的 $\delta^{34}S$ 值主要介于 $-10.2‰\sim-6.52‰$ 之间（5 件样品），均值为 $-7.744‰$，极差为 3.68（表 7-8）；闪锌矿的 $\delta^{34}S$ 值主要介于 $-7.87‰\sim-4.52‰$ 之间（7 件样品），平均值为 $-5.45‰$，极差为 3.35‰（表 7-8）。$\delta^{34}S$ 闪锌矿 $>\delta^{34}S$ 方铅矿，说明矿石硫化物在形成过程中达到了同位素分馏平衡（陕亮等，2009）。魏家秀等（1984）测试本矿床硫化物的硫同位素组成（未列出具体测试结果数据），$\delta^{34}S$ 值集中于 $-12.1‰\sim-3.1‰$ 之间，与本文测试范围较为一致。根据 Ding 等（1984）获得的硫化物流体包裹体均一温度约 300℃ 的结论一致，推测硫化物矿物中的还原硫主要来自于硫酸盐的热化学还原作用（TSR）。王云峰等（2016）研究表明，不同温度下，不完全的 TSR 过程可能会伴随着不同程度的硫同位素的分馏，但总体变化不会很大。因此，桃林铅锌铜多金属矿小于均一岩浆硫同位素组成的硫化物可能形成于岩浆流体，这与 Ding 等（1984）利用 Pinckney-Rafter 法得到的结果一致。另外，桃林铅-锌-铜多金属矿发育重晶石硫酸盐，Ding 等（1984）研究发现，5 件重晶石的 $\delta^{34}S$ 主要分布于 $16.50‰\sim17.04‰$ 之间，平均值为 17.01‰，极差为 0.54‰，与魏家秀等（1984）测试的矿区重晶石硫同位素 $\delta^{34}S$ 组成结果范围 $16.5‰\sim18.8‰$ 接近（该文献亦未列出具体测试数据结果）。重晶石的 $\delta^{34}S$ 值变化范围落入了海水及蒸发岩范围，具有重硫特征（图 7-18、图 7-19）。

表 7-7 桃林铅锌铜多金属矿硫化物及硫酸盐 $\delta^{34}S$ 同位素组成

编号	矿区	样品编号	单矿物	$\delta^{34}S_{CDT}/‰$	资料来源
1	桃林	TL-1-1-1	方铅矿	−6.61	本文
2	桃林	TL-1-1-1-1	方铅矿	−6.52	
3	桃林	TL-1-1-2	闪锌矿	−4.52	
4	桃林	TL-1-2	闪锌矿	−4.88	
5	桃林	TL-1-7	方铅矿	−7.64	
6	桃林	TL-2-7-1	闪锌矿	−5.32	
7	桃林	TL-2-7-3-1	闪锌矿	−4.97	
8	桃林	TL-2-7-3-1-1	闪锌矿	−5.00	
9	桃林	TL-2-10-1-1	方铅矿	−7.75	
10	桃林	TL-2-10-1-2	闪锌矿	−5.57	

续表 7-7

编号	矿区	样品编号	单矿物	$\delta^{34}S_{CDT}$/‰	资料来源
11	桃林	TL-2-32-2-1	方铅矿	−10.20	本文
12	桃林	TL-2-32-2-2	闪锌矿	−7.87	本文
13	桃林	012	重晶石	17.04	Ding et al, 1984
14	桃林	013	重晶石	17.03	Ding et al, 1984
15	桃林	019	重晶石	16.79	Ding et al, 1984
16	桃林	020	重晶石	17.68	Ding et al, 1984
17	桃林	022	重晶石	16.50	Ding et al, 1984

表 7-8　桃林铅锌铜多金属矿硫化物及硫酸盐 $\delta^{34}S$ 同位素组成

矿床	单矿物	样品数	单矿物 $\delta^{34}S$/‰ 变化范围	单矿物 $\delta^{34}S$/‰ 平均值	矿区 $\delta^{34}S$/‰ 变化范围	矿区 $\delta^{34}S$/‰ 离差	矿区 $\delta^{34}S$/‰ 平均值	资料来源
桃林	方铅矿	5	−10.2～−7.52	−7.74	−10.2～−4.52	2.29	−7.60	本文；Ding et al, 1984
桃林	闪锌矿	7	−7.87～−4.52	−5.45				
桃林	重晶石	5	16.50～17.04	17.01	16.50～17.04	0.54	17.01	

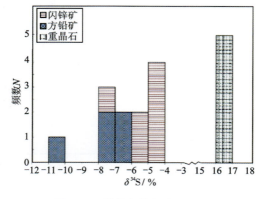

图 7-18　桃林铅锌铜多金属矿硫同位素组成直方图

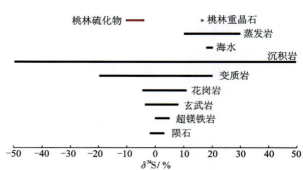

图 7-19　桃林铅锌铜多金属矿硫同位素综合对比图

一般情况下，在硫同位素分馏达到平衡状态下，硫酸盐的硫同位素组成可以近似代替成矿热液的总硫同位素值（张云新等，2014；王云峰等，2016）。桃林铅锌铜多金属矿重晶石的 $\delta^{34}S$ 值分布在 16.50‰～17.04‰ 范围内，平均值为 17.01‰，因此，成矿热液的总硫同位素组成可能为 17.01‰ 左右。综上，桃林铅锌铜多金属矿床可能是两种不同性质的热液流体在不同阶段参与形成的，分别是具有较低硫同位素组成的岩浆流体和较高硫同位素组成的非岩浆热液流体，岩浆热液硫的成分更多。

二、铅同位素

桃林铅锌铜多金属矿热液硫化物阶段的闪锌矿和方铅矿等 10 件硫化物单矿物的铅同位素测试结果见表 7-9。单矿物的 $^{206}Pb/^{204}Pb$ 值为 18.076～18.231,平均值为 18.147；$^{207}Pb/^{204}Pb$ 值为 15.610～15.773,平均值为 15.663；$^{208}Pb/^{204}Pb$ 值为 38.542～39.102,平均值为 38.734。其中,6 件闪锌矿样品 $^{206}Pb/^{204}Pb$ 值为 18.076～18.231,平均值为 18.162；$^{207}Pb/^{204}Pb$ 值为 15.577～15.773,平均值为 15.686；$^{208}Pb/^{204}Pb$ 值为 38.413～39.102,平均值为 39.810；4 件方铅矿样品的 $^{206}Pb/^{204}Pb$ 值为 18.110～18.147,平均值为 18.125；$^{207}Pb/^{204}Pb$ 值为 15.610～15.648,平均值为 15.629；$^{208}Pb/^{204}Pb$ 值为 38.542～38.708,平均值为 38.621。

表 7-9 桃林铅锌铜多金属矿铅同位素组成及参数

编号	样号	单矿物	$^{206}Pb/^{204}Pb$	$^{207}Pb/^{204}Pb$	$^{208}Pb/^{204}Pb$	T/Ma	μ	ω	Th/U	$\Delta\beta$	$\Delta\gamma$
1	TL-1-1-1	方铅矿	18.115	15.615	38.542	398	9.53	38.77	4.94	20.15	46.09
2	TL-1-1-2	闪锌矿	18.229	15.757	39.016	482	9.80	41.55	4.10	29.92	62.81
3	TL-1-2	闪锌矿	18.076	15.577	38.413	381	9.46	38.08	4.90	17.58	41.82
4	TL-1-7	方铅矿	18.147	15.648	38.708	414	9.59	39.62	4.00	22.40	51.32
5	TL-2-7-1	闪锌矿	18.140	15.664	38.781	437	9.62	40.14	4.04	24.57	54.35
6	TL-2-7-3-1	闪锌矿	18.164	15.703	38.878	465	9.70	40.81	4.07	26.28	58.27
7	TL-2-10-1-1	方铅矿	18.128	15.641	38.671	419	9.58	39.51	4.99	21.97	50.54
8	TL-2-10-1-2	闪锌矿	18.231	15.773	39.102	498	9.83	42.08	4.14	31.06	65.90
9	TL-2-32-2-1	方铅矿	18.110	15.610	38.562	396	9.52	38.84	4.95	19.82	46.54
10	TL-2-32-2-2	闪锌矿	18.133	15.643	38.668	418	9.58	39.48	4.99	22.09	50.41

注：模式年龄据 Doe et al,1974；数据在中国地质调查局武汉地质调查中心同位素地球化学研究室测试得出。

在铅同位素构造模式投影图上(Zartman et al,1981),桃林铅锌铜多金属矿的硫化物单矿物铅同位素数据多数落入了造山带以及上地壳演化线附近,极少量落入了地幔演化线之上(十分靠近造山带)(图 7-20),显示主体来自壳源。图 7-19 还显示,桃林铅锌铜多金属矿床矿石硫化物的铅同位素显示较好的线性拟合关系,暗示其具有混合源区特征。此外,一般情况下,根据铅同位素特征值 μ 的变化可以反映地质体经历的地质作用过程,也可以约束铅的来源。Zartman 等(1981)、吴开兴等(2002)等研究发现具有高特征值的铅同位素主要来上地壳铅源。王立强等(2010)指出,铅同位素源区特征值,尤其是 μ 值的变化,能提供地质体经历的地质作用信息,也能反映铅的来源。一般情况下,具有高 μ 值(>9.58)的铅通常被认为是来自 U、Th 相对富集的上部地壳物质,而小于此值则认为主要来自地幔(Zartman et al,1981；吴开兴等,2002；张长青等,2006)。对 ω 值而言,来自上地壳的 ω 值为 41.860,来自地幔的 ω 值为 31.844。从表 7-10 可以看出,桃林铅锌铜多金属矿床矿石铅同位素 μ 值为 9.46～9.83,ω 值介于 38.08～42.08,表明铅具有上地壳物质特征。因此,推测桃林铅锌铜多金属矿的矿石硫化物主要来自地壳源区,可能有极少量的幔源混入。

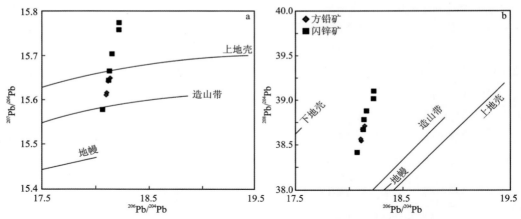

图 7-20　桃林铅锌铜多金属矿硫化物 Pb 同位素构造演化模式图
(底图据 Zartman et al, 1981)

第五节　矿床成因

关于桃林矿床的成因,王育民(1958)基于矿床地质特征研究提出桃林铅锌铜多金属矿"裂隙填充型"成因。王卿铎等(1978)结合流体测温及硫同位素研究,进一步提出"中低温热液裂隙填充型"成因。魏家秀等(1984)开展成矿流体及硫铅氧氢同位素研究,提出"中温热液充填型矿床"成因。1987—1989 年,张九龄、符策美等新提出矿床属非岩浆成因,应属于"沉积-热液改造层控型萤石铅-锌矿床"成因。谭汉光(1993)认为矿床为"多源热液充填矿床"。张鲲等(2012)提出为桃林大断裂构造控制的"多源热液充填矿床"。康博等(2015)认为矿床属"多期多阶段多来源岩浆期后中低温热液充填矿床"。

在矿床地质特征研究以及上述系列成因认识的基础上,结合本次在成岩-成矿年代学、成矿物质来源、成矿流体性质探讨方面取得的认识,认为矿床属于"与幕阜山花岗岩侵位相关的岩浆热液脉状充填-交代型铅锌铜多金属矿床",矿区铅锌铜多金属成矿时代为早白垩世(135Ma±),并可能在铅锌成矿后再次叠加了更晚期的萤石成矿作用。

矿床成矿过程简述为:新元古代,湘东北地区形成冷家溪群(PtLN)浅变质岩基底。早白垩世(136Ma±),由于区域强烈构造岩浆活动,幕阜山地区发生大规模的花岗岩浆侵入活动,在矿区范围形成黑云母二长花岗岩体,侵位于冷家溪群中,形成断层构造带。由于区域地质持续演化,在黑云母二长花岗岩与冷家溪群的构造薄弱接触带形成北东向桃林大断裂,为矿区铅锌多金属成矿提供了重要的容矿场所。早白垩世(135Ma±),在黑云母二长花岗岩的巨大热能持续烘烤下,岩浆热液在与大气降水形成的混合流体在桃林大断裂处环流并淋滤、溶解、萃取断层中的 Pb、Zn、Cu 等多种有利金属元素,在压力差驱动下,呈可溶性络合物或化合物等形式沿断裂往上运移,当其进入裂隙等有利部位时,随着成矿流体压力、温度的降低,挥发分、浓度、酸碱度等物理化学条件相应变化,含矿络合物或化合物发生分解、沉淀、堆积、富集，逐步形成铅锌铜多金属矿。早期形成的铅锌矿矿量大、品位高，闪锌矿主要为褐色、褐黑色、褐黄色等，晶型主要为四面体，形成的矿石大多遭受后期破碎及后期含矿热液的胶结和熔蚀主要呈角砾状构造及熔蚀结构；晚期形成的铅锌矿量减少，闪锌矿颜色由深色变为浅色，由褐色逐渐转变为浅黄色，晶体形状渐变为菱形十二面体；最后形成重晶石、萤石、石英及矿物。最终形成桃林铅锌铜多金属矿体，经后期剥蚀-风化作用，保留至今。

第八章 栗山铅锌铜多金属矿成矿作用及成因

第一节 成岩成矿时代

一、成岩时代

1. 锆石形貌学

片麻状中细粒黑云母花岗闪长岩(LS-12-1)的 CL 图像总体十分清晰(图 8-1),可见完整的振荡韵律环带,几乎不存在其他类型的图像或色斑。锆石颗粒形态整体大部分呈长柱状—短柱状,极少数呈椭圆状。少数颗粒尽管由于分选加工中外力导致破碎,仍可看出柱状原始形态,未见"核-幔-边"结构继承锆石特征颗粒。锆石颗粒长 105~210μm,宽 45~95μm,长宽比 2.2~3.1。在 21 颗测试锆石颗粒中,17 颗锆石 Th/U>0.4(大部分 0.43~0.78,最高 1.0),占比 81%,仅有 4 颗锆石(6 号、11 号、13 号、14 号)Th/U<0.4,分别为 0.31、0.32、0.30、0.24(表 8-1)。因此,在参考岩浆锆石 Th/U 一般大于 0.4 的规律基础上,结合锆石形貌学特征,判断该批锆石整体属于岩浆锆石范围。

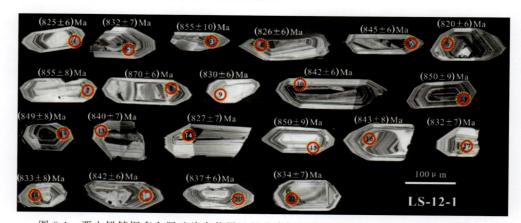

图 8-1 栗山铅锌铜多金属矿片麻状黑云母花岗闪长岩锆石 CL 影像与测试位置示意图
(红色为 U-Pb,黄色为 Lu-Hf)

第八章 栗山铅锌铜多金属矿成矿作用及成因

表 8-1 栗山铅锌铜多金属矿片麻状黑云母花岗闪长岩(LS-12-1)锆石 U-Pb 年代学数据

测试点	$w_B/10^{-6}$ Th	$w_B/10^{-6}$ U	Th/U	同位素比值 $^{207}Pb/^{206}Pb$	1σ	$^{207}Pb/^{235}U$	1σ	$^{206}Pb/^{238}U$	1σ	同位素年龄/Ma $^{207}Pb/^{206}Pb$	1σ	$^{207}Pb/^{235}U$	1σ	$^{206}Pb/^{238}U$	1σ	置信度/%
LS-12-1-1	180.39	357.72	0.50	0.071 56	0.001 67	1.350 04	0.030 20	0.136 57	0.001 11	973.8	48.15	867.6	13.06	825.3	6.30	95
LS-12-1-2	165.20	239.12	0.69	0.067 12	0.001 61	1.275 89	0.029 57	0.137 82	0.001 22	842.6	54.63	835.0	13.21	832.3	6.95	99
LS-12-1-3	182.30	318.56	0.57	0.072 31	0.001 63	1.411 10	0.032 86	0.141 88	0.001 77	994.4	45.53	893.6	13.85	855.3	9.98	95
LS-12-1-4	179.54	422.42	0.43	0.066 33	0.001 13	1.252 04	0.021 48	0.136 62	0.001 06	816.7	32.41	824.3	9.70	825.5	6.03	99
LS-12-1-5	190.94	303.62	0.63	0.067 54	0.001 43	1.307 58	0.027 64	0.140 14	0.001 04	853.7	44.45	849.1	12.17	845.4	5.87	99
LS-12-1-6	95.22	308.50	0.31	0.066 07	0.001 29	1.238 26	0.024 71	0.135 66	0.001 02	809.3	40.74	818.1	11.22	820.1	5.81	99
LS-12-1-7	137.26	224.96	0.61	0.071 48	0.001 71	1.399 67	0.034 24	0.141 82	0.001 38	972.2	49.54	888.8	14.50	854.9	7.81	96
LS-12-1-8	236.79	397.28	0.60	0.068 81	0.001 45	1.371 46	0.028 49	0.144 42	0.001 15	894.4	75.00	876.8	12.21	869.6	6.49	99
LS-12-1-9	132.63	252.83	0.52	0.067 01	0.001 58	1.269 20	0.029 30	0.137 39	0.001 06	838.9	50.00	832.0	13.12	829.9	6.03	99
LS-12-1-10	401.68	402.47	1.00	0.067 24	0.001 35	1.296 50	0.026 44	0.139 56	0.000 98	855.6	−156.48	844.2	11.70	842.2	5.55	99
LS-12-1-11	125.33	391.58	0.32	0.072 09	0.001 91	1.393 43	0.034 00	0.140 94	0.001 63	988.6	21.30	886.2	14.43	849.9	9.21	95
LS-12-1-12	198.97	292.51	0.68	0.072 75	0.001 72	1.409 00	0.031 69	0.140 85	0.001 36	1 007.1	43.52	892.7	13.37	849.4	7.71	95
LS-12-1-13	62.25	206.76	0.30	0.067 62	0.001 73	1.296 05	0.031 77	0.139 26	0.001 16	857.4	−145.37	844.0	14.06	840.5	6.59	99
LS-12-1-14	122.40	508.60	0.24	0.065 68	0.001 35	1.244 75	0.027 45	0.136 84	0.001 31	798.2	42.59	821.0	12.43	826.8	7.44	99
LS-12-1-15	100.91	201.28	0.50	0.070 25	0.001 79	1.372 63	0.038 00	0.140 95	0.001 50	1 000.0	51.86	877.3	16.27	850.1	8.51	96
LS-12-1-16	134.36	314.30	0.43	0.067 81	0.001 65	1.308 63	0.032 05	0.139 69	0.001 39	862.7	54.63	849.5	14.11	842.9	7.90	99
LS-12-1-17	131.55	305.61	0.43	0.066 48	0.001 44	1.265 32	0.027 61	0.137 71	0.001 26	820.4	44.44	830.3	12.39	831.7	7.18	99
LS-12-1-18	205.98	337.08	0.61	0.069 23	0.001 43	1.318 24	0.027 31	0.137 93	0.001 35	905.6	42.90	853.7	11.98	833.0	7.64	97
LS-12-1-19	163.46	298.13	0.55	0.068 32	0.001 40	1.318 24	0.026 84	0.139 46	0.001 04	879.6	42.60	853.7	11.77	841.6	5.88	98
LS-12-1-20	164.93	243.93	0.68	0.068 34	0.001 57	1.307 54	0.028 42	0.138 72	0.001 11	879.6	47.06	849.0	12.52	837.4	6.30	98
LS-12-1-21	213.77	274.14	0.78	0.066 32	0.001 44	1.266 64	0.027 71	0.138 16	0.001 21	816.7	45.52	830.9	12.43	834.3	6.86	99

细粒花岗闪长岩(LS-10-1)的CL图像清晰(图8-2),可见完整的振荡韵律环带,部分颗粒呈亮白色。锆石颗粒呈长柱状—短柱状,少数呈椭圆状。少数颗粒尽管由于分选加工中外力导致破碎,仍可看出柱状原始形态,未见明显以"核-幔-边"结构为特征的继承锆石颗粒。少数颗粒呈现明显的后期溶蚀特征。锆石颗粒长50~200μm,宽25~62μm,长宽比1.1~4.2。在15颗测试锆石颗粒中,14颗锆石Th/U>0.4(表8-2),在参考岩浆锆石Th/U一般大于0.4的规律基础上,结合锆石形貌学特征,判断该批锆石整体属于岩浆锆石范围。

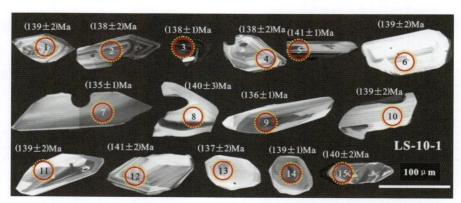

图8-2 栗山铅锌铜多金属矿细粒花岗闪长岩锆石阴极射线发光影像(CL)与测试位置示意图
(红色为U-Pb,黄色为Lu-Hf)

中细粒二云母花岗岩,张鲲等(2017)开展了锆石形貌学研究发现形态大部分呈短柱状,晶形比较完整,裂纹不发育,振荡环带发育(图8-3)。锆石Th含量192×10^{-6}~963×10^{-6},U含量1581×10^{-6}~$10\,530\times10^{-6}$,Th/U比值0.034~0.39(表8-3),虽然锆石的Th/U比值较低,但其具有较高的Th、U含量和存在振荡环带等特征表明其为岩浆锆石。

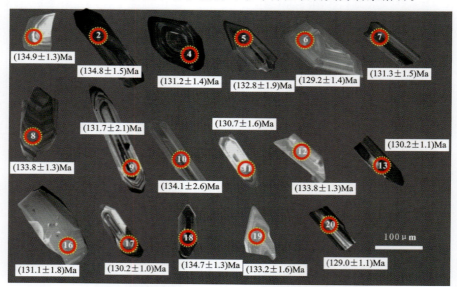

图8-3 栗山铅锌铜多金属矿中细粒二云母花岗岩锆石阴极射线发光影像与测试位置示意图
(红色为U-Pb,黄色为Lu-Hf)(据张鲲等,2017)

表 8-2 栗山铅锌铜多金属矿细粒花岗闪长岩(LS-10-1)锆石 U–Pb 年代学数据

测试点	$w_B/10^{-6}$ Th	$w_B/10^{-6}$ U	Th/U	同位素比值 $^{207}Pb/^{206}Pb$	1σ	$^{207}Pb/^{235}U$	1σ	$^{206}Pb/^{238}U$	1σ	同位素年龄/Ma $^{207}Pb/^{206}Pb$	1σ	$^{207}Pb/^{235}U$	1σ	$^{206}Pb/^{238}U$	1σ	置信度/%
LS-10-1-1	721	1054	0.68	0.049 07	0.002 07	0.147 03	0.006 24	0.021 76	0.000 25	150	100	139	6	139	2	99
LS-10-1-2	1526	1359	1.12	0.051 26	0.002 32	0.151 44	0.006 29	0.021 61	0.000 25	254	104	143	6	138	2	96
LS-10-1-3	1203	5821	0.21	0.049 67	0.001 20	0.148 14	0.003 55	0.021 59	0.000 15	189	57	140	3	138	1	98
LS-10-1-4	491	874	0.56	0.048 68	0.002 47	0.144 61	0.007 13	0.021 62	0.000 27	132	123	137	6	138	2	99
LS-10-1-5	1798	2459	0.73	0.048 32	0.001 54	0.147 17	0.004 79	0.022 05	0.000 20	122	74	139	4	141	1	99
LS-10-1-6	306	415	0.74	0.049 12	0.004 21	0.145 65	0.011 36	0.021 74	0.000 37	154	189	138	10	139	2	99
LS-10-1-7	1296	1220	1.06	0.048 95	0.001 80	0.143 00	0.005 20	0.021 22	0.000 22	146	85	136	5	135	1	99
LS-10-1-8	142	218	0.65	0.051 42	0.005 35	0.153 54	0.014 82	0.022 00	0.000 47	261	42	145	13	140	3	96
LS-10-1-9	1709	1752	0.98	0.049 05	0.001 71	0.144 39	0.004 97	0.021 34	0.000 24	150	83	137	4	136	1	99
LS-10-1-12	1168	938	1.25	0.050 19	0.002 51	0.147 56	0.006 06	0.021 76	0.000 25	211	117	140	5	139	2	99
LS-10-1-13	783	794	0.99	0.049 40	0.002 63	0.150 82	0.007 45	0.021 82	0.000 27	169	124	143	7	139	2	97
LS-10-1-14	431	594	0.72	0.052 07	0.003 20	0.154 99	0.009 05	0.022 09	0.000 33	287	145	146	8	141	2	96
LS-10-1-17	484	545	0.89	0.051 35	0.003 37	0.149 37	0.008 95	0.021 46	0.000 34	257	184	141	8	137	2	96
LS-10-1-18	810	1898	0.43	0.048 23	0.001 57	0.145 06	0.004 76	0.021 72	0.000 22	109	78	138	4	139	1	99
LS-10-1-20	1662	1477	1.13	0.050 46	0.002 35	0.153 97	0.007 53	0.021 93	0.000 27	217	107	145	7	140	2	96

表 8-3　中细粒二云母花岗岩(SD2-2)锆石 LA-ICP-MS U-Pb 年代学测试结果(据张魁等,2019)

测试点	$w_B/10^{-6}$ Th	$w_B/10^{-6}$ U	Th/U	同位素比值 $^{207}Pb/^{206}Pb$	1σ	$^{207}Pb/^{235}U$	1σ	$^{206}Pb/^{238}U$	1σ	同位素年龄/Ma $^{207}Pb/^{206}Pb$	1σ	$^{207}Pb/^{235}U$	1σ	$^{206}Pb/^{238}U$	1σ
1	323	9563	0.034	0.048 26	0.001 20	0.142 59	0.003 48	0.021 15	0.000 21	122.3	57.4	135.3	3.1	134.9	1.3
2	377	6425	0.059	0.046 27	0.001 27	0.136 97	0.003 81	0.021 14	0.000 23	13.1	63.0	130.3	3.4	134.8	1.5
4	358	7255	0.049	0.047 23	0.001 37	0.135 70	0.003 81	0.020 56	0.000 22	61.2	66.7	129.2	3.4	131.2	1.4
5	240	4245	0.057	0.047 42	0.001 82	0.138 20	0.005 45	0.020 82	0.000 30	77.9	88.9	131.4	4.9	132.8	1.9
6	279	4578	0.061	0.050 25	0.001 60	0.142 33	0.004 46	0.020 24	0.000 22	205.6	74.1	135.1	4.0	129.2	1.4
7	224	3476	0.064	0.047 72	0.001 60	0.137 24	0.004 51	0.020 58	0.000 23	87.1	-117.6	130.6	4.0	131.3	1.5
8	259	4530	0.057	0.046 52	0.001 46	0.136 14	0.004 20	0.020 97	0.000 21	33.4	64.8	129.6	3.8	133.8	1.3
9	211	3513	0.060	0.049 46	0.003 18	0.141 36	0.009 03	0.020 63	0.000 34	168.6	154.6	134.3	8.0	131.7	2.1
10	376	10 530	0.036	0.046 86	0.001 34	0.136 58	0.004 53	0.021 02	0.000 42	42.7	66.7	130.0	4.0	134.1	2.6
11	375	5185	0.072	0.048 65	0.001 52	0.138 63	0.004 37	0.020 49	0.000 26	131.6	78.7	131.8	3.9	130.7	1.6
12	192	3258	0.059	0.049 18	0.001 66	0.142 83	0.004 65	0.020 97	0.000 21	166.8	79.6	135.6	4.1	133.8	1.3
13	399	6305	0.063	0.048 54	0.001 10	0.137 48	0.003 07	0.020 40	0.000 17	124.2	55.6	130.8	2.7	130.2	1.1
16	286	1581	0.181	0.047 36	0.002 44	0.133 02	0.006 26	0.020 55	0.000 29	77.9	109.3	126.8	5.6	131.1	1.8
17	371	6038	0.061	0.047 96	0.001 11	0.136 34	0.003 19	0.020 40	0.000 16	98.2	53.7	129.8	2.9	130.2	1.0
18	326	5740	0.057	0.049 08	0.001 74	0.142 55	0.004 07	0.021 12	0.000 21	150.1	83.3	135.3	3.6	134.7	1.3
19	358	6175	0.058	0.049 31	0.001 42	0.143 25	0.004 23	0.020 89	0.000 25	161.2	66.7	135.9	3.8	133.2	1.6
20	398	6752	0.059	0.048 37	0.001 38	0.136 21	0.003 89	0.020 22	0.000 17	116.8	63.9	129.7	3.5	129.0	1.1

2. 锆石 U-Pb 年代学

在片麻状中细粒黑云母花岗闪长岩(LS-12-1)中选取 21 颗锆石进行 U-Pb 同位素测试，分析位置见图 8-1 红色线圈部分，相应计算数据见表 8-1。结果表明，21 颗锆石颗粒所获得的 $^{206}Pb/^{238}U$ 年龄结果分布于 820.1～869.6Ma 间。由于所测锆石年龄均小于 1000Ma，因此选取 $^{206}Pb/^{238}U$ 年龄作为锆石年龄计算标准。对所获锆石 U-Pb 年龄信息采用 ISOPLOT 软件进行加权平均，获得年龄结果为(838.6±5.6)Ma(MSWD=3.2，N=21)(图 8-4)，对应于元古宙新元古代青白口纪时期，代表栗山铅锌铜多金属矿区片麻状黑云母花岗闪长岩岩体成岩于新元古代。

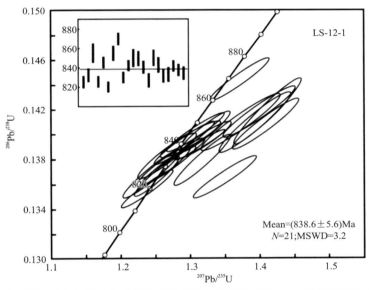

图 8-4 栗山铅锌铜多金属矿片麻状黑云母花岗闪长岩锆石 U-Pb 年龄谐和图(LS-12-1)

在细粒花岗闪长岩(LS-10-1)中选择 15 颗锆石颗粒进行激光剥蚀测试，测试位置见图 8-2 红色线圈部分，相应的计算结果可见表 8-2。数据表明，细粒花岗闪长岩的 15 颗锆石颗粒所获得的 $^{206}Pb/^{238}U$ 年龄结果集中分布于 136～141Ma。由于所测的锆石年龄值均小于 1000Ma，同样选取 $^{206}Pb/^{238}U$ 年龄作为锆石年龄计算标准，并对所获锆石 U-Pb 年龄数据信息采用 ISOPLOT 3.0 软件进行加权平均，获得年龄加权平均值为 Mean=(138±0.8)Ma (MSWD=1.0，N=15)(图 8-5)，代表栗山矿区细粒花岗闪长岩的成岩年龄，对应于早白垩世。

张鲲等(2017)开展了中细粒二云母花岗岩(SD2-2)锆石 U-Pb 定年研究，共测试了 20 个测点，测试位置见图 8-3 红色线圈部分，多数位于锆石柱体两端，少数测点在柱体中部。相应的计算结果可见表 8-3。除去谐和性不好的 3 号、14 号点和可能混入的 15 号继承锆石点的测点数据外，剩余 17 个有效测点的 $^{206}Pb/^{238}U$ 年龄值集中分布于 129.0～135.9Ma 之间，投影点均落在谐和线上(图 8-6)，$^{206}Pb/^{238}U$ 加权平均年龄为(131.9±1.1)Ma(MSWD=2.3，N=17)，代表栗山铅锌铜多金属矿中细粒二云母花岗岩的成岩年龄。测试数据结果详见表 8-3。

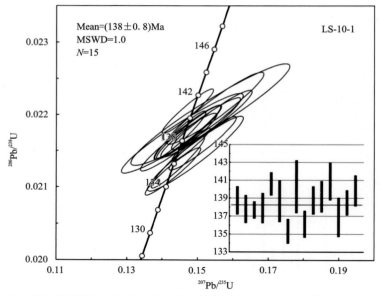

图 8-5　栗山铅锌铜多金属矿细粒花岗闪长岩锆石 U–Pb 年龄谐和图（LS-10-1）

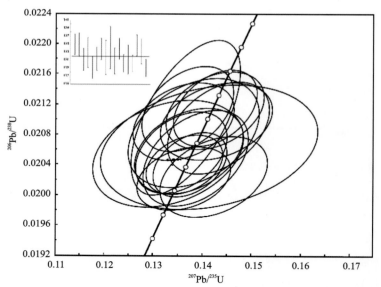

图 8-6　栗山铅锌铜多金属矿中细粒二云母花岗岩锆石 U–Pb 年龄谐和图（SD2-2）

（原始数据据张鲲等，2017）

3. 锆石 Lu-Hf 同位素

在片麻状中细粒黑云母花岗闪长岩锆石中选择 21 颗获得了有意义 U–Pb 年龄的锆石进行了 Lu-Hf 同位素原位分析。测试位置见图 8-1 黄色线圈部分，相应计算数据见表 8-4。结果表明，由于大部分锆石颗粒的 $^{176}Lu/^{177}Hf$ 值小于 0.002（表 8-4），表明锆石在形成后具有

第八章 栗山铅锌铜多金属矿成矿作用及成因

表8-4 栗山铅锌铜多金属矿片麻状黑云母花岗闪长岩锆石Hf同位素分析结果(LS-12-1)

测试点	^{176}Yb/^{177}Hf	^{176}Lu/^{177}Hf	^{176}Hf/^{177}Hf	2σ	^{176}Hf/^{177}Hf	年龄/Ma	εHf(0)	εHf(t)	T_{DM1}/Ma	T_{DM2}/Ma	$f_{Lu/Hf}$
LS-12-1-1	0.077 102	0.002 201	0.282 552	0.000 024	0.282 518	838	−7.8	9.2	1025	1133	−0.93
LS-12-1-2	0.063 540	0.001 949	0.282 674	0.000 019	0.282 644	838	−3.5	13.8	841	845	−0.94
LS-12-1-3	0.089 763	0.003 038	0.282 590	0.000 032	0.282 542	838	−6.4	10.7	991	1060	−0.91
LS-12-1-4	0.071 621	0.001 748	0.282 631	0.000 014	0.282 603	838	−5.0	12.3	899	940	−0.95
LS-12-1-5	0.109 649	0.003 227	0.282 635	0.000 045	0.282 583	838	−4.9	12.0	930	973	−0.90
LS-12-1-6	0.057 589	0.001 537	0.282 567	0.000 015	0.282 543	838	−7.3	10.0	985	1080	−0.95
LS-12-1-7	0.066 207	0.002 201	0.282 605	0.000 019	0.282 569	838	−5.9	11.7	947	998	−0.93
LS-12-1-8	0.078 204	0.002 313	0.282 645	0.000 016	0.282 607	838	−4.5	13.4	892	904	−0.93
LS-12-1-9	0.066 561	0.002 149	0.282 587	0.000 026	0.282 553	838	−6.6	10.6	972	1050	−0.94
LS-12-1-10	0.046 849	0.001 249	0.282 595	0.000 016	0.282 575	838	−6.3	11.6	937	993	−0.96
LS-12-1-11	0.049 547	0.001 244	0.282 605	0.000 017	0.282 585	838	−5.9	12.2	923	966	−0.96
LS-12-1-12	0.049 232	0.001 456	0.282 630	0.000 014	0.282 606	838	−5.0	12.9	893	918	−0.96
LS-12-1-13	0.042 341	0.001 082	0.282 647	0.000 014	0.282 630	838	−4.4	13.5	860	872	−0.97
LS-12-1-14	0.073 084	0.001 764	0.282 639	0.000 013	0.282 611	838	−4.7	12.6	888	922	−0.95
LS-12-1-15	0.050 577	0.001 545	0.282 579	0.000 018	0.282 554	838	−6.8	11.1	968	1035	−0.95
LS-12-1-16	0.062 825	0.001 524	0.282 613	0.000 019	0.282 589	838	−5.6	12.2	918	961	−0.95
LS-12-1-17	0.054 801	0.001 365	0.282 606	0.000 015	0.282 584	838	−5.9	11.7	925	979	−0.96
LS-12-1-18	0.066 313	0.001 849	0.282 445	0.000 028	0.282 416	838	−11.6	5.8	1169	1357	−0.94
LS-12-1-19	0.088 395	0.002 619	0.282 571	0.000 030	0.282 529	838	−7.1	10.0	1008	1097	−0.92
LS-12-1-20	0.076 891	0.002 462	0.282 590	0.000 033	0.282 551	838	−6.4	10.7	976	1050	−0.93
LS-12-1-21	0.063 889	0.001 888	0.282 599	0.000 025	0.282 569	838	−6.1	11.3	948	1011	−0.94

较低的放射性成因 Hf 积累,因此可以用初始 ^{176}Hf/^{177}Hf 比值代表锆石形成时的 ^{176}Hf/^{177}Hf 比值。样品中锆石 ^{176}Hf/^{177}Hf 比值介于 0.282 445~0.282 674,^{176}Lu/^{177}Hf 比值介于 0.001 082~0.003 227,$\varepsilon_{Hf}(t)$ 为 5.8~13.8,一阶段模式年龄 T_{DM1} 为 841~1169Ma,二阶段模式年龄 T_{DM2} 为 845~1357Ma,$f_{Lu/Hf}$ 值为 -0.9~-0.97。已有研究表明,$\varepsilon_{Hf}(t)<0$ 表明岩浆源区为地壳物质或富集地幔,$\varepsilon_{Hf}(t)>0$ 表明岩浆源区为亏损地幔或者新生地壳。样品 $f_{Lu/Hf}$ 值明显小于镁铁质地壳(-0.34),也小于硅铝质地壳(-0.72),二阶段模式年龄更能反映其源区物质从亏损地幔被抽取的时间(或其源区物质在地壳的平均存留年龄)。测试还发现样品的 $\varepsilon_{Hf}(t)$ 为 5.8~13.5,主体在 11~13,均为正值,由此判断岩浆源区为亏损地幔或者新生地壳。对于幔源岩浆,如果母岩浆直接来源于未受任何影响的亏损地幔,那么锆石结晶年龄应近似等于锆石 Hf 模式年龄。样品的锆石单阶段亏损地幔 Hf 模式年龄 $T_{DM1}=841~1169$Ma,平均为 947Ma,与锆石结晶年龄 838Ma 相差约 109Ma。此外,锆石地壳模式年龄(T_{DM2})和 $\varepsilon_{Hf}(t)$ 柱状图上还显示,二阶段模式年龄(T_{DM2})为 845~1357Ma,主体在 900~1100Ma 之间(图 8-7),而 $\varepsilon_{Hf}(t)-t$ 和 ^{176}Hf/^{177}Hf$-t$ 图解投点显示主要位于球粒陨石与亏损地幔演化线之间(图 8-8)。因此,综合推测片麻状中细粒黑云母花岗闪长岩的岩浆源区以新生地壳物质为主。

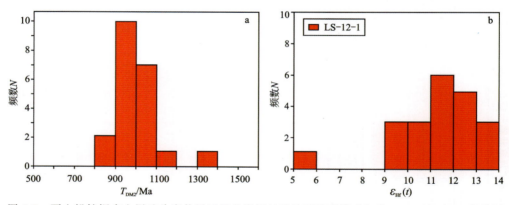

图 8-7 栗山铅锌铜多金属矿片麻状黑云母花岗闪长岩锆石地壳模式年龄(T_{DM2})和 $\varepsilon_{Hf}(t)$ 频数图

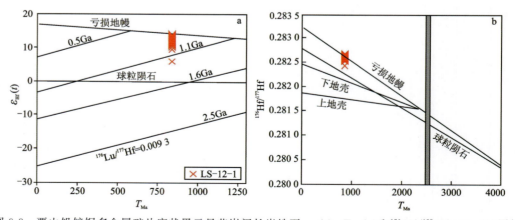

图 8-8 栗山铅锌铜多金属矿片麻状黑云母花岗闪长岩锆石 $\varepsilon_{Hf}(t)-T_{Ma}$(a)和 ^{176}Hf/^{177}Hf$-T_{Ma}$(b)图解

第八章 栗山铅锌铜多金属矿成矿作用及成因

在细粒花岗闪长岩锆石中选择15颗已获得有意义U-Pb年龄的锆石进行了Lu-Hf同位素原位分析。测试位置见图8-2黄色线圈部分,相应计算数据见表8-5。结果表明,锆石 $^{176}Hf/^{177}Hf$ 比值介于0.282 393~0.282 542之间, $^{176}Lu/^{177}Hf$ 比值介于0.000 267~0.001 433之间, $\varepsilon_{Hf}(t)$ 为-10.5~-5.2,一阶段模式年龄 T_{DM1} 为1000~1192 Ma,二阶段模式年龄 T_{DM2} 为1526~1857Ma, $f_{Lu/Hf}$ 值为-0.99~-0.96。在锆石地壳模式年龄(T_{DM2})和 $\varepsilon_{Hf}(t)$ 频数图(图8-9)上, $\varepsilon_{Hf}(t)$ 值主要集中在-8~-6之间;二阶段模式年龄(T_{DM2})集中在1500~1700Ma之间。在锆石 $\varepsilon_{Hf}(t)$-T_{Ma}(a)和 $^{176}Hf/^{177}Hf$-T_{Ma}(b)图解(图8-10)中,投点均落在球粒陨石和下地壳演化线之间,仅极个别投点落入下地壳演化线之下。综合表明栗山铅锌铜多金属矿区的中细粒二云母花岗岩物质来源可能主要为中元古代的地壳岩石的部分熔融,岩浆源区或上升通道可能存在新元古代幔源物质加入。

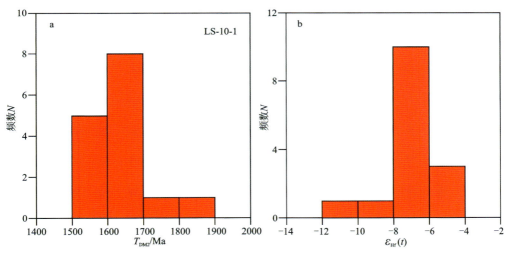

图8-9 栗山铅锌铜多金属矿细粒花岗闪长岩锆石地壳模式年龄(T_{DM2})和 $\varepsilon_{Hf}(t)$ 频数图

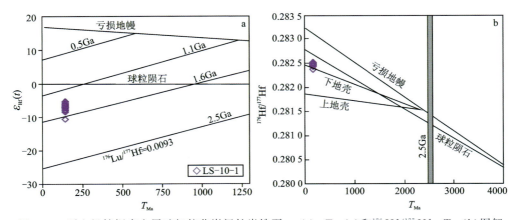

图8-10 栗山铅锌铜多金属矿细粒花岗闪长岩锆石 $\varepsilon_{Hf}(t)$-T_{Ma}(a)和 $^{176}Hf/^{177}Hf$-T_{Ma}(b)图解

表 8-5 栗山铅锌铜多金属矿细粒花岗闪长岩锆石 Hf 同位素数据 (LS-10-1)

测试点	$^{176}Yb/^{177}Hf$	$^{176}Lu/^{177}Hf$	$^{176}Hf/^{177}Hf$	2σ	年龄/Ma	$\varepsilon Hf(0)$	$\varepsilon Hf(t)$	T_{DM1}/Ma	T_{DM2}/Ma	$f_{Lu/Hf}$
LS-10-1-01	0.029 217	0.000 851	0.282 492	0.000 030	138	−9.9	−6.9	1072	1636	−0.97
LS-10-1-02	0.029 104	0.000 891	0.282 472	0.000 021	138	−10.6	−7.7	1101	1682	−0.97
LS-10-1-03	0.044 408	0.001 362	0.282 526	0.000 036	138	−8.7	−5.8	1038	1563	−0.96
LS-10-1-04	0.020 925	0.000 597	0.282 538	0.000 015	138	−8.3	−5.3	1000	1530	−0.98
LS-10-1-05	0.030 016	0.000 862	0.282 473	0.000 028	138	−10.6	−7.6	1099	1678	−0.97
LS-10-1-06	0.013 325	0.000 349	0.282 509	0.000 013	138	−9.3	−6.3	1035	1596	−0.99
LS-10-1-07	0.034 489	0.000 981	0.282 489	0.000 035	138	−10.0	−7.1	1079	1645	−0.97
LS-10-1-08	0.023 400	0.000 694	0.282 504	0.000 014	138	−9.5	−6.5	1051	1607	−0.98
LS-10-1-09	0.011 314	0.000 276	0.282 393	0.000 054	138	−13.4	−10.5	1192	1857	−0.99
LS-10-1-10	0.009 444	0.000 267	0.282 492	0.000 014	138	−9.9	−6.9	1055	1632	−0.99
LS-10-1-11	0.027 237	0.000 763	0.282 517	0.000 040	138	−9.0	−6.0	1035	1579	−0.98
LS-10-1-12	0.014 354	0.000 419	0.282 491	0.000 023	138	−9.9	−6.9	1061	1634	−0.99
LS-10-1-13	0.015 405	0.000 401	0.282 453	0.000 054	138	−11.3	−8.3	1113	1722	−0.99
LS-10-1-14	0.011 974	0.000 366	0.282 464	0.000 020	138	−10.9	−7.9	1097	1696	−0.99
LS-10-1-15	0.050 283	0.001 433	0.282 542	0.000 064	138	−8.1	−5.2	1017	1526	−0.96

张鲲等(2017)对中细粒二云母花岗岩样品中已取得有意义 U-Pb 年龄的 16 颗锆石(5 号点剥蚀破损严重不能分析 Lu-Hf 同位素)进行了原位微区 Hf 同位素组成测试,测试位置见图 8-3 黄色线圈部分,相应计算数据见表 8-6。发现样品的 Lu-Hf 同位素组成相对均匀,初始 $^{176}Hf/^{177}Hf$ 比值较一致,分布在 0.282 526~0.282 624 之间,平均值为 0.282 589;$\varepsilon_{Hf}(t)$ 值集中在 -5.9~-2.4 之间,平均值为 -3.7;二阶段模式年龄(T_{DM2})在 1338~1558Ma 之间,平均值为 1417Ma。在锆石地壳模式年龄(T_{DM2})和 $\varepsilon_{Hf}(t)$ 频数图(图 8-11)上,$\varepsilon_{Hf}(t)$ 值集中在 -7~-2 之间;二阶段模式年龄(T_{DM2})集中在 1300~1600Ma 之间。在锆石 $\varepsilon_{Hf}(t)$-T_{Ma}(a) 和 $^{176}Hf/^{177}Hf$-T_{Ma}(b) 图解(图 8-12)中,投点均落在球粒陨石和下地壳演化线之间,综合表明栗山铅锌铜多金属矿区的中细粒二云母花岗岩物质来源可能主要为中元古代地壳岩石的部分熔融,岩浆源区或上升通道可能存在新元古代幔源物质加入。

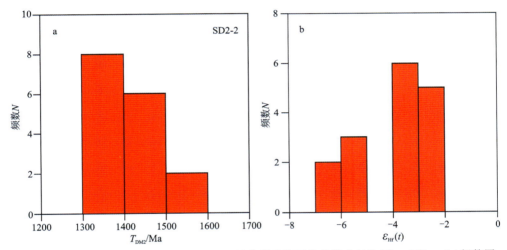

图 8-11 栗山铅锌铜多金属矿中细粒二云母花岗岩锆石地壳模式年龄(T_{DM2})和 $\varepsilon_{Hf}(t)$ 频数图
(原始数据据张鲲等,2017)

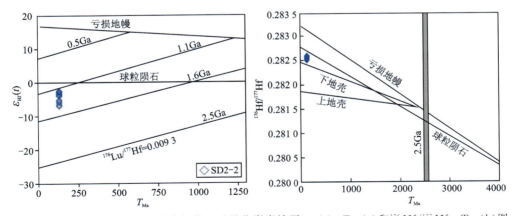

图 8-12 栗山铅锌铜多金属矿中细粒二云母花岗岩锆石 $\varepsilon_{Hf}(t)$-T_{Ma}(a) 和 $^{176}Hf/^{177}Hf$-T_{Ma}(b) 图
(原始数据据张鲲等,2017)

表 8-6 中细粒二云母花岗岩(SD2-2)锆石 Lu-Hf 同位素分析结果(据张龙等,2019)

测试点	^{176}Hf/^{177}Hf	2σ	^{176}Lu/^{177}Hf	2σ	^{176}Yb/^{177}Hf	2σ	年龄/Ma	εHf(t)	T_{DM1}/Ma	T_{DM2}/Ma	$f_{Lu/Hf}$
1	0.282 554	0.000 018	0.000 975	0.000 003	0.026 140	0.000 080	131.9	−5.9	988	1496	−0.97
2	0.282 570	0.000 017	0.000 971	0.000 008	0.025 686	0.000 242	131.9	−5.4	966	1460	−0.97
4	0.282 526	0.000 021	0.000 974	0.000 004	0.025 628	0.000 105	131.9	−6.9	1028	1558	−0.97
6	0.282 584	0.000 016	0.000 732	0.000 009	0.019 666	0.000 251	131.9	−3.8	939	1426	−0.98
7	0.282 605	0.000 019	0.000 830	0.000 020	0.021 906	0.000 564	131.9	−3.1	912	1380	−0.98
8	0.282 600	0.000 014	0.001 043	0.000 011	0.027 627	0.000 318	131.9	−3.5	925	1392	−0.97
9	0.282 597	0.000 019	0.000 897	0.000 002	0.024 262	0.000 049	131.9	−3.4	926	1399	−0.97
10	0.282 624	0.000 016	0.001 042	0.000 014	0.027 703	0.000 383	131.9	−2.4	890	1338	−0.97
11	0.282 614	0.000 028	0.001 068	0.000 004	0.029 513	0.000 140	131.9	−2.8	906	1361	−0.97
12	0.282 588	0.000 017	0.000 782	0.000 004	0.020 700	0.000 127	131.9	−3.7	935	1418	−0.98
13	0.282 616	0.000 016	0.001 003	0.000 014	0.026 896	0.000 377	131.9	−2.7	901	1355	−0.97
15	0.282 453	0.000 018	0.000 985	0.000 004	0.023 484	0.000 117	749.5	4.8	1130	1355	−0.97
16	0.282 575	0.000 015	0.001 511	0.000 002	0.013 413	0.000 053	131.9	−4.1	946	1445	−0.98
17	0.282 595	0.000 019	0.001 079	0.000 005	0.028 965	0.000 139	131.9	−3.4	932	1403	−0.97
18	0.282 541	0.000 021	0.000 971	0.000 006	0.025 835	0.000 161	131.9	−5.4	1006	1524	−0.97
19	0.282 619	0.000 021	0.000 940	0.000 002	0.024 897	0.000 063	131.9	−2.6	896	1349	−0.97
20	0.282 613	0.000 016	0.001 165	0.000 002	0.031 296	0.000 053	131.9	−2.8	910	1364	−0.96

二、成矿时代

1. 闪锌矿 Rb-Sr 同位素等时线

栗山铅锌铜多金属矿的闪锌矿 Rb-Sr 同位素等时线测试结果见图 8-13,表 8-7。因矿区的 V 号矿体连续展布超过 1km 以上,且没有其他穿插关系,因此闪锌矿 Rb-Sr 同位素等时线的测年样品采样工作主要部署在此矿体。采样过程主要自北向南对热液硫化物期的方铅矿-闪锌矿-黄铁矿-黄铜矿矿石进行连续采集,采样间距 40~80m 不等,以满足等时线测试要求。相关的矿石及矿物学特征前文已予以介绍。

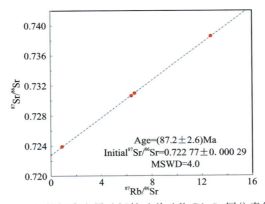

图 8-13 栗山铅锌铜多金属矿闪锌矿单矿物 Rb-Sr 同位素等时线图

表 8-7 栗山铅锌铜多金属矿区闪锌矿单矿物 Rb-Sr 同位素组成

矿区	样品号	测试矿物	$w(Rb)/10^{-6}$	$w(Sr)/10^{-6}$	$^{87}Rb/^{86}Sr$	$^{87}Sr/^{86}Sr$	1σ
栗山	LS-1-2-2	闪锌矿	0.024 61	0.081 44	0.872 70	0.723 90	0.000 04
栗山	LS-3-1-3	闪锌矿	0.030 73	0.013 85	6.410 00	0.730 64	0.000 08
栗山	LS-4-1-3	闪锌矿	0.097 97	0.022 26	12.720 00	0.738 58	0.000 05
栗山	LS-5-1-3	闪锌矿	0.030 81	0.013 38	6.654 00	0.730 99	0.000 08

注:表中数据在中国地质调查局武汉地质调查中心同位素地球化学研究室测试得出。

从表 8-7 可见,闪锌矿的 Rb 含量介于 $0.024\,61\times10^{-6}\sim0.097\,97\times10^{-6}$ 之间,Sr 含量介于 $0.013\,38\times10^{-6}\sim0.081\,44\times10^{-6}$ 之间;$^{87}Rb/^{86}Sr$ 比值变化范围为 $0.872\,70\sim12.720\,00$,$^{87}Sr/^{86}Sr$ 比值分布在 $0.723\,90\sim0.738\,58$ 之间。在 $^{87}Rb/^{86}Sr$-$^{87}Sr/^{86}Sr$ 等时线图解上(图 8-13),用 Isoplot 软件计算得到闪锌矿单矿物的 Rb-Sr 等时线年龄为 $(87.2\pm2.6)Ma$(MSWD=4.0),初始 $^{87}Sr/^{86}Sr$ 值为 $0.722\,77\pm0.000\,29$。该等时线质量较高,数据可靠,代表栗山铅锌铜多金属矿中闪锌矿形成于晚白垩世,也代表矿区成矿时代为晚白垩世。

2. 萤石 Sm-Nd 同位素等时线

徐德明等(2018)开展了栗山铅锌铜多金属矿的萤石单矿物 Sm-Nd 同位素组成分析,测试结果详见图 8-14,表 8-8。萤石的 Sm 含量介于 $0.236\ 20\times10^{-6}\sim1.373\ 00\times10^{-6}$,Nd 含量介于 $0.457\ 10\times10^{-6}\sim4.992\ 00\times10^{-6}$ 之间;$^{147}Sm/^{144}Nd$ 比值变化范围较大,为 $0.166\ 40\sim0.512\ 90$;$^{143}Nd/^{144}Nd$ 比值分布在 $0.512\ 158\sim0.512\ 360$ 之间。在 $^{147}Sm/^{144}Nd$–$^{143}Nd/^{144}Nd$ 图解(图 8-14)上,显示出良好线性关系,采用 LSOPLOT 方法求得栗山矿区萤石单矿物 Sm-Nd 等时线年龄为(88.9 ± 2.4)Ma(MSWD=1.4),初始 $^{143}Nd/^{144}Nd$ 比值为$0.512\ 058\pm0.000\ 005$。

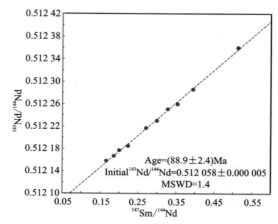

图 8-14 栗山铅锌铜多金属矿萤石 Sm-Nd 同位素等时线图(据徐德明等,2018)

表 8-8 栗山铅锌铜多金属矿区萤石单矿物 Sm-Nd 同位素组成(据徐德明等,2018)

矿区	样号	样品	$w(Sm)/10^{-6}$	$w(Nd)/10^{-6}$	$^{147}Sm/^{144}Nd$	$^{143}Nd/^{144}Nd$	1σ
栗山	SD1-1-1	萤石	0.711 60	1.315 00	0.327 40	0.512 251	0.000 09
栗山	SD1-1-2	萤石	0.469 90	0.554 20	0.512 90	0.512 360	0.000 09
栗山	SD1-1-3	萤石	0.236 20	0.476 90	0.299 60	0.512 230	0.000 09
栗山	SD1-1-4	萤石	0.804 00	1.796 00	0.270 90	0.512 217	0.000 08
栗山	SD1-1-5	萤石	1.373 00	4.992 00	0.166 40	0.512 158	0.000 06
栗山	SD1-1-6	萤石	0.431 60	1.166 00	0.224 00	0.512 185	0.000 09
栗山	SD1-1-7	萤石	0.297 80	0.457 10	0.394 20	0.512 286	0.000 09
栗山	SD1-1-8	萤石	0.312 90	1.016 00	0.186 30	0.512 167	0.000 09
栗山	SD1-1-9	萤石	0.555 90	1.680 00	0.200 20	0.512 177	0.000 09
栗山	SD1-1-10	萤石	0.544 50	0.930 10	0.354 20	0.512 260	0.000 07

注:表中数据在中国地质调查局武汉地质调查中心同位素地球化学研究室测试得出。

野外调查和室内岩相学研究表明,栗山铅锌铜多金属矿的萤石与铅锌矿是同源流体活动的产物。本文获得闪锌矿单矿物 Rb-Sr 等时线年龄为(87.2 ± 2.6)Ma(MSWD=4.0),与闪锌矿单矿物 Rb-Sr 等时线测年结果在误差范围内完全一致,且形成相互印证,代表栗山铅锌铜多金属矿中的萤石形成于晚白垩世,也代表矿区成矿时代为晚白垩世。

第二节　岩浆岩岩石地球化学

一、岩石学

片麻状中粗粒黑云母二长花岗岩：灰黑色—灰白色，似斑状结构，片麻状—块状构造，矿物组合主要有石英（30％±）、斜长石（45％±）、钾长石（15％±）、黑云母（5％±）及其他矿物（5％±）。石英多呈他形粒状，粒径1～2mm，发育明显波状消光；斜长石多呈自形—半自形板条状，粒径1～4mm，发育特征聚片双晶；钾长石镜下多呈自形—半自形板条状，粒径1～4mm，多发育典型的卡式双晶；黑云母粒径1～2mm，镜下呈褐色—褐红色，多呈不规则片状，弱蚀变（图8-15）。

图8-15　栗山铅锌铜多金属矿岩浆岩地质特征

a～c.粗中粒黑云母二长花岗岩地质特征；d～f.细粒花岗闪长岩地质特征；g～i.中细粒二云母花岗岩地质特征。矿物代号：Qz.石英；Bi.黑云母；Pl.斜长石；Kf.钾长石；Ser.绢云母

细粒花岗闪长岩：近地表风化强烈，松散土状，见高岭土化、绿泥石化、绿帘石化，新鲜岩石为灰色—灰白色，细粒结构，块状构造。矿物组合主要有石英（40％±）、斜长石（38％±）、钾长石（10％±）、黑云母（5％±）及绢云母等其他矿物（7％±）。石英他形，粒径1～3mm；斜长石半自形，短柱状，可见聚片双晶，粒径较小，多在1～2mm；钾长石镜下多呈自形—半自形板条状，多发育典型的卡式双晶，粒径1～4mm；黑云母多呈不规则片状，轻微蚀变，镜下呈褐

色—褐红色,粒径 1～3mm(图 8-15),绢云母发育格子双晶。

中细粒二云母花岗岩:灰白色,中细粒花岗结构,块状构造。矿物成分主要包括石英(25%～30%)、钾长石(20%±)、斜长石(40%±)、黑云母(5%～7%)、白云母(5%～8%)。斜长石自形—半自形,短柱状,可见聚片双晶,粒径相对较大,多 2～4mm;钾长石颗粒相对较大,自形—半自形板条状,发育卡式双晶,粒径 2～4mm;黑云母多呈片状,褐色—褐红色,粒径 1～2mm;白云母多色性明显,粒径 1～3mm(图 8-15)。

二、岩石地球化学

本次研究对片麻状中粗粒黑云母二长花岗岩、细粒花岗闪长岩开展了主微量元素分析,张鲲等(2017)研究中细粒二云母花岗岩岩石地球化学特征,分析结果均见表 8-9。

片麻状中粗粒黑云母二长花岗岩:SiO_2 含量为 69.8%～70.0%,Al_2O_3 含量为 15.90%～16.07%。碱含量(Na_2O+K_2O)变化范围为 5.91%～5.95%,其中 K_2O 含量 1.33%～1.35%,Na_2O 含量相对较高,为 4.58%～4.61%,K_2O/Na_2O 比值约 0.29。在岩石系列 SiO_2-K_2O 图解上,投点主要位于高钾钙碱性系列(图 8-16)。铝饱和指数(A/CNK)值大于 1.0,属过铝质(图 8-17)。微量元素蛛网图显示岩石具有富轻稀土(LREE)和大离子亲石元素(LILE)、贫重稀土(HREE)特征(图 8-18)。稀土元素总量较低,ΣREE 为 52.3×10^{-6}～54.7×10^{-6},低于华南花岗岩的稀土元素总量。LREE 分馏明显,$(La/Gd)_N=5.57$～5.87;HREE 弱分馏,$(Dy/Yb)_N=1.28$～1.47,LREE/HREE=8.97～10.42,$(La/Yb)_N=9.64$～12.55,REE 配分模式为 LREE 较富集、Eu 弱异常的右倾分布型式(图 8-19),与幔源岩石重稀土富集模式明显不同。

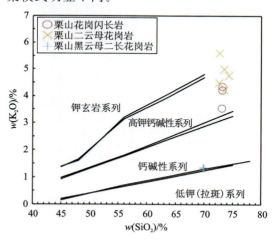

图 8-16 栗山铅锌铜多金属矿岩浆岩
K_2O-SiO_2 关系图

(据 Peccerillo et al,1976)

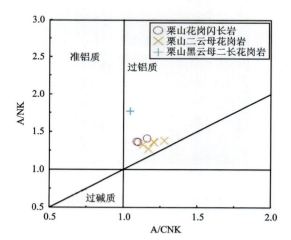

图 8-17 栗山铅锌铜多金属矿岩浆岩
A/CNK-A/NK 图

(据 Maniar et al,1989)

表 8-9 栗山铅锌铜多金属矿岩浆岩主量元素(wt/%)及微量元素(10^{-6})质量分数组成

样品	片麻状粗中粒黑云母二长花岗岩	片麻状粗中粒黑云母二长花岗岩	片麻状粗中粒黑云母二长花岗岩	细粒花岗闪长岩	细粒花岗闪长岩	细粒花岗闪长岩	中细粒二云母花岗岩	中细粒二云母花岗岩	中细粒二云母花岗岩	中细粒二云母花岗岩	中细粒二云母花岗岩
样号	LS-12-1-1	LS-12-1-2	LS-12-1-3	LS-10-1-1	LS-10-1-2	LS-10-1-3	SD1-4	SD1-5	SD2-2	SD3-1	SD4-1
SiO_2	69.79	70.00	69.90	73.08	73.16	73.19	72.70	72.56	74.27	73.49	73.49
TiO_2	0.33	0.33	0.32	0.24	0.20	0.19	0.13	0.11	0.11	0.13	0.17
Al_2O_3	16.01	16.07	15.90	14.62	14.71	14.77	14.45	14.46	14.18	14.35	14.05
Fe_2O_3	2.53	2.52	2.49	1.48	1.49	1.45	0.50	0.38	0.25	0.23	0.24
FeO							1.88	2.04	1.73	1.77	2.34
MnO	0.04	0.04	0.04	0.04	0.04	0.04	0.03	0.04	0.05	0.04	0.06
MgO	1.40	1.40	1.37	0.40	0.42	0.36	0.33	0.35	0.18	0.23	0.32
CaO	3.47	3.47	3.44	1.23	1.51	1.41	0.55	1.02	0.48	0.73	0.74
Na_2O	4.60	4.61	4.58	3.95	3.65	3.81	3.20	3.66	3.08	3.12	3.49
K_2O	1.35	1.34	1.33	3.55	4.36	4.22	5.61	4.50	4.77	5.00	4.22
P_2O_5	0.10	0.10	0.10	0.09	0.10	0.10	0.20	0.18	0.27	0.22	0.11
灼失	0.44	0.44	0.51	1.59	0.73	0.68	0.40	0.28	0.42	0.46	0.46
合计	100.06	100.32	99.98	100.27	100.37	100.22	99.98	99.57	99.78	99.76	99.69
Na_2O+K_2O	5.95	5.95	5.91	7.50	8.01	8.03	8.81	8.16	7.85	8.12	7.71
K_2O/Na_2O	0.29	0.29	0.29	0.90	1.19	1.11	1.75	1.23	1.55	1.60	1.21
A/CNK	1.04	1.05	1.04	1.16	1.09	1.10	1.17	1.13	1.28	1.21	1.20
A/NK	1.77	1.78	1.77	1.41	1.37	1.36	1.27	1.33	1.38	1.36	1.36
Rb	129.00	129.00	128.00	201.00	226.00	206.00					
Sr	236.00	242.00	239.00	134.00	146.00	140.00	42.40	63.30	18.10	33.30	38.80

续表 8-9

样品	片麻状粗中粒黑云母二长花岗岩	片麻状粗中粒黑云母二长花岗岩	片麻状粗中粒黑云母二长花岗岩	细粒花岗闪长岩	细粒花岗闪长岩	细粒花岗闪长岩	中细粒二云母花岗岩	中细粒二云母花岗岩	中细粒二云母花岗岩	中细粒二云母花岗岩	中细粒二云母花岗岩
样号	LS-12-1-1	LS-12-1-2	LS-12-1-3	LS-10-1-1	LS-10-1-2	LS-10-1-3	SD1-4	SD1-5	SD2-2	SD3-1	SD4-1
Ba	114.00	114.00	115.00	345.00	381.00	374.00	251.00	199.00	78.90	163.00	226.00
Th	3.37	3.28	3.14	16.70	18.70	17.40			6.55	9.92	10.70
U	3.58	1.03	0.97	1.42	1.93	1.47			17.20	8.02	8.00
Nb	1.92	1.89	1.87	6.32	7.26	6.56			17.30	14.80	18.60
Ta	0.17	0.17	0.16	0.88	0.88	0.78			2.86	2.57	4.89
Zr	82.20	113.00	96.10	106.00	108.00	97.20			48.00	59.90	51.20
Hf	2.18	2.99	2.59	2.93	3.14	2.77	1.70	1.54	2.26	2.52	1.97
Co	6.65	6.72	6.47	2.13	2.06	1.78	2.25	2.29	1.20	1.42	2.12
Ni	13.70	13.70	13.60	0.48	0.92	0.56			2.65	19.40	5.07
Cr	12.40	12.10	11.80	1.01	1.46	1.52	14.50	3.86	17.90	7.27	9.28
Ga	15.00	14.90	14.90	17.90	17.00	16.20					
Cu	53.70	54.50	55.10	3.33	1.62	1.25	13.50	15.00	19.60	17.80	12.70
Pb	38.40	39.50	38.20	55.70	50.80	46.30	65.00	90.30	28.20	43.20	43.50
Zn							108.00	59.40	47.00	57.90	146.00
W							2.19	2.14	3.12	3.27	2.29
Bi						0.01	1.04	1.25	1.45	4.82	0.22
Mo	0.03	0.03	0.42	0.01	0.01				0.85	0.55	0.89
P	436.62	436.62	436.62	392.96	436.62	436.62	877.61	790.28	1165.77	938.73	484.65
K	11 202.13	11 119.15	11 036.17	29 457.45	36 178.72	35 017.02	46 551.06	37 340.43	39 580.85	41 489.36	35 017.02

第八章 栗山铅锌铜多金属矿成矿作用及成因

续表 8-9

样品	片麻状粗中粒黑云母二长花岗岩	片麻状粗中粒黑云母二长花岗岩	片麻状粗中粒黑云母二长花岗岩	细粒花岗闪长岩	细粒花岗闪长岩	细粒花岗闪长岩	中细粒二云母花岗岩	中细粒二云母花岗岩	中细粒二云母花岗岩	中细粒二云母花岗岩	中细粒二云母花岗岩
样号	LS-12-1-1	LS-12-1-2	LS-12-1-3	LS-10-1-1	LS-10-1-2	LS-10-1-3	SD1-4	SD1-5	SD2-2	SD3-1	SD4-1
Ti	1 980.00	1 980.00	1 920.00	1 440.00	1 200.00	1 140.00	750.00	642.00	636.00	762.00	990.00
La	10.50	9.95	10.10	27.70	29.80	27.80	22.80	15.70	12.70	17.40	20.70
Ce	24.00	22.50	22.80	49.00	54.60	50.60	36.10	27.20	26.60	35.80	40.00
Pr	2.55	2.38	2.46	4.99	5.56	5.13	5.50	4.02	3.16	4.37	4.73
Nd	10.10	9.51	9.61	16.20	18.10	16.60	18.90	14.00	10.90	15.10	16.20
Sm	2.18	2.11	2.14	3.07	3.46	3.20	4.49	3.39	2.67	3.81	3.78
Eu	0.56	0.57	0.56	0.50	0.49	0.47	0.47	0.40	0.25	0.46	0.54
Gd	1.55	1.55	1.55	1.91	2.16	1.98	3.83	2.93	2.26	3.32	3.39
Tb	0.24	0.24	0.23	0.27	0.31	0.29	0.58	0.46	0.45	0.56	0.57
Dy	1.32	1.42	1.33	1.36	1.50	1.41	2.56	2.05	2.50	2.54	2.64
Ho	0.24	0.28	0.25	0.24	0.25	0.23	0.36	0.29	0.44	0.35	0.42
Er	0.65	0.78	0.69	0.62	0.63	0.59	0.87	0.73	1.24	0.81	1.09
Tm	0.10	0.12	0.11	0.09	0.08	0.08	0.12	0.09	0.24	0.11	0.20
Yb	0.60	0.74	0.67	0.55	0.51	0.48	0.74	0.58	1.51	0.74	1.39
Lu	0.09	0.11	0.10	0.08	0.07	0.06	0.09	0.07	0.19	0.09	0.19
Y	6.17	7.24	6.51	6.47	6.36	5.93	9.27	7.49	12.70	9.43	11.80
Yb_N	3.53	4.35	3.94	3.24	3.00	2.82	4.35	3.41	8.88	4.35	8.18
ΣREE	54.68	52.26	52.60	106.58	117.52	108.92	97.41	71.91	65.11	85.46	95.84
LREE	49.89	47.02	47.67	101.46	112.01	103.80	88.26	64.71	56.28	76.94	85.95

续表 8-9

样品	片麻状粗中粒黑云母二长花岗岩	片麻状粗中粒黑云母二长花岗岩	片麻状粗中粒黑云母二长花岗岩	细粒花岗闪长岩	细粒花岗闪长岩	细粒花岗闪长岩	中细粒二云母花岗岩	中细粒二云母花岗岩	中细粒二云母花岗岩	中细粒二云母花岗岩	中细粒二云母花岗岩
样号	LS-12-1-1	LS-12-1-2	LS-12-1-3	LS-10-1-1	LS-10-1-2	LS-10-1-3	SD1-4	SD1-5	SD2-2	SD3-1	SD4-1
HREE	4.79	5.24	4.93	5.12	5.51	5.12	9.15	7.20	8.83	8.52	9.89
LREE/HREE	10.42	8.97	9.67	19.82	20.33	20.27	9.64	8.98	6.37	9.03	8.69
$(La/Yb)_N$	12.55	9.64	10.81	36.13	41.91	41.54	22.10	19.42	6.03	16.87	10.68
$(La/Sm)_N$	3.11	3.04	3.05	5.82	5.56	5.61	3.28	2.99	3.07	2.95	3.54
$(La/Gd)_N$	5.87	5.57	5.65	12.58	11.96	12.17	5.16	4.65	4.87	4.54	5.29
$(Gd/Yb)_N$	2.14	1.73	1.91	2.87	3.50	3.41	4.28	4.18	1.24	3.71	2.02
$(Dy/Yb)_N$	1.47	1.28	1.33	1.65	1.97	1.97	2.32	2.37	1.11	2.30	1.27
δEu	0.93	0.96	0.94	0.63	0.55	0.57	0.35	0.39	0.31	0.40	0.46
δCe	1.14	1.13	1.12	1.02	1.04	1.04	0.79	0.84	1.03	1.01	0.99
C/MF	0.93	0.93	0.94	0.77	0.93	0.93	0.24	0.44	0.27	0.39	0.30
A/MF	2.36	2.38	2.39	5.04	4.96	5.35	3.50	3.39	4.38	4.24	3.17

细粒花岗闪长岩：SiO_2 含量为 73.08%～73.19%。碱含量（Na_2O+K_2O）变化范围 7.50%～8.03%，其中 K_2O 含量为 3.55%～4.36%，Na_2O 含量为 3.65%～3.95%，含量基本相当，K_2O/Na_2O 比值为 0.9～1.19。在 SiO_2-K_2O 图解上投点位于高钾钙碱性系列（图 8-16）。Al_2O_3 含量为 14.62%～14.77%。铝饱和指数平均为 1.12，属强过铝质花岗岩（图 8-17）。里特曼指数 σ 为 1.87～2.14。微量元素地球化学具有富轻稀土（LREE）和大离子亲石元素（LILE）、贫重稀土（HREE）特征（图 8-18）。稀土元素总量较低，$\sum REE$ 为 106.58×10^{-6}～117.52×10^{-6}。LREE 分馏明显，$(La/Gd)_N = 11.96$～12.58；HREE 弱分馏，$(Dy/Yb)_N = 1.65$～1.97，LREE/HREE=19.82～20.83，$(La/Yb)_N = 36.13$～41.91，REE 配分模式表现为 LREE 较富集、重稀土 HREE 较亏损的右倾分布型式（图 8-19），具有 Eu 弱异常特征，表明该花岗岩主要为一套过铝质高钾钙碱性花岗岩。

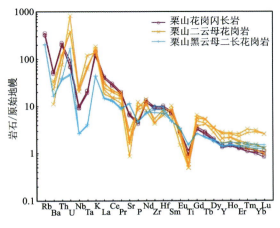

图 8-18　栗山铅锌铜多金属矿岩浆岩
微量元素原始地幔标准化蛛网图
（标准化数据据 Sun et al，1989）

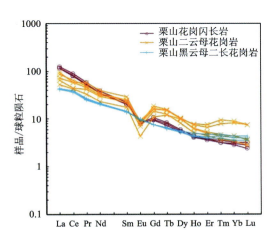

图 8-19　栗山铅锌铜多金属矿岩浆岩
稀土元素球粒陨石标准化分布模式
（标准化数据据 Sun et al，1989）

中细粒二云母花岗岩：SiO_2 含量＞70%，为 72.56%～74.27%。碱含量（Na_2O+K_2O）变化范围 7.71%～8.81%，其中 K_2O 含量为 4.22%～5.61%。在岩石系列 SiO_2-K_2O 图解上落在高钾钙碱性-钾玄岩岩石系列内（图 8-16）。Al_2O_3 含量为 14.05%～14.46%，铝饱和指数（A/CNK）值为 1.13～1.28，属强过铝质（＞1.1）（图 8-17）。里特曼指数 σ 为 1.95～2.61。微量元素原始地幔标准化蛛网图显示（图 8-18），富集 U、Ta、Pb 等元素，亏损 Ba、Nb、Sr、Zr、Ti 等元素。Nb/Ta 为 3.80～6.05，平均为 5.20，低于地壳 Nb/Ta 比值，指示源区具有地壳性质。Sr 亏损指示斜长石的分离结晶；Ti 亏损指示钛铁矿的分离结晶，暗示岩浆物质来源于地壳。稀土元素总量不高，$\sum REE$ 为 65.11×10^{-6}～97.41×10^{-6}，δEu 为 0.31～0.46，δCe 为 0.79～1.03。稀土元素球粒陨石标准化配分图（图 8-19），显示富集轻稀土元素，重稀土元素平坦分布，轻重稀土元素分异强烈，具有 Eu 弱负异常特征的右倾斜配分模式，表明该花岗岩主要为一套强过铝质高钾钙碱性系列花岗岩。

第三节 成矿流体性质

一、岩相学

栗山铅锌铜多金属矿床的流体包裹体研究所涉及的寄主矿物主要有石英和闪锌矿（图 8-20），其主要来自主成矿阶段。各个寄主矿物中均发育了原生和次生包裹体，以原生包裹体为主。根据常温下（25℃）流体包裹体在镜下的相组成以及在升降温过程中的相变化，可以将本矿床的包裹体分为富液两相包裹体（VL 型）、富气两相包裹体（LV 型）、纯液相包裹体（L 型）、纯气相包裹体（V 型），以原生的富液两相包裹体为主，偶见少量的纯液相包裹体、纯气相包裹体。包裹体大小一般在 5～20μm 之间，少数可达 30μm，形态为椭圆形、负晶形、长条形、圆形、不规则状等（图 8-21），各类型包裹体岩相学特征如下。

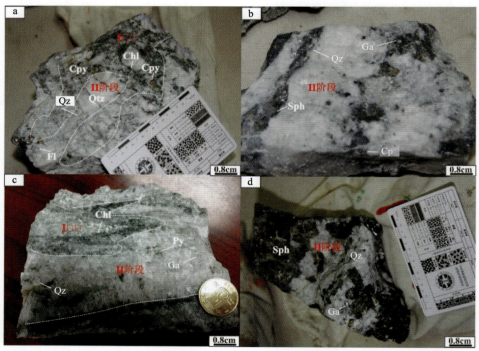

图 8-20 栗山铅锌铜多金属矿含矿石英脉地质特征

a. 含石英-萤石的角砾状黄铜矿-闪锌矿-方铅矿矿石；b. 含黄铜矿-方铅矿-闪锌矿石英-萤石脉；c. 含黄铁矿-方铅矿石英脉；d. 含石英、萤石的角砾状黄铜矿-方铅矿-闪锌矿矿石。矿物代号：Qz. 石英；Fl. 萤石；Sph. 闪锌矿；Ga. 方铅矿；Cp. 黄铜矿；Chl. 绿泥石

富液两相包裹体（VL 型）：为栗山铅锌铜多金属矿中最主要的包裹体类型，在以石英和闪锌矿寄主矿物中均有发育，常温下由气液两相水组成，气液比小于 50%，一般为 10%～40%，不同的寄主矿物中大小不一，最大可达 25μm 左右，多数介于 5～15μm 之间；原生流体包裹体呈群相、孤立等形式分布，可见部分次生包裹体沿裂隙面呈线状分布；单个流体包裹体多呈不

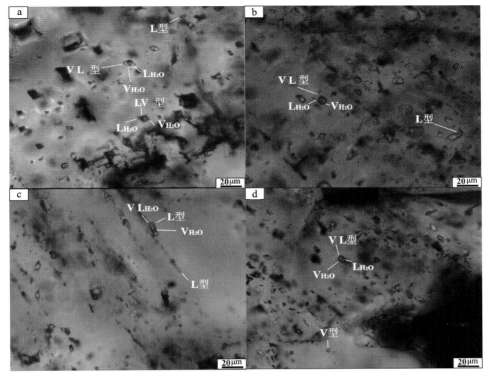

图 8-21 栗山铅锌铜多金属矿流体包裹体岩相学特征

a. 石英中富液两相、富气两相及纯液相包裹体；b. 石英中的富液两相及纯液相包裹体；c. 石英中富液两相、纯液相包裹体呈线性排列；d. 石英中富液两相、纯气相包裹体。V_{H_2O}：H_2O 的蒸汽相；L_{H_2O}：H_2O 的液相

规则状、椭圆状、长条状等，部分样品中可见负晶形的包裹体发育，常见"卡脖子"现象；气液比小于 40%，多在 5%～25% 之间，多呈圆形，部分气相颜色较黑，在常温下可见气泡较为明显的跳动；升温时一般均一至液相。

富气两相包裹体（LV 型）：该类型分布较少，室温下为气液两相，气液比大于 70%，升温过程以液相均一到气相而最终达到完全均一。大多颜色比较暗，常见负晶形、椭圆形、四边形及不规则状，大小从 $5\mu m \times 3\mu m$ 到 $25\mu m \times 10\mu m$ 不等，部分可达 $40\mu m \times 25\mu m$，多在 $12\mu m \times 6\mu m$ 左右。

纯液相包裹体（L 型）：石英中较为常见，多呈孤立分布，有液相水组成，未见气相；大小在 4～10μm 之间，形态多不规则，部分呈椭圆状。室温下为单一液相，多为椭圆状或圆状，大小在 3～8μm 之间，与富液两相（VL 类）包裹体密切共生。

纯气相包裹体（V 型）：该类包裹体在石英和闪锌矿中偶尔可见，室温下为单一气相，升温过程无相态变化，多为椭圆形或圆形，大小在 2～6μm 之间。

二、物理化学条件

1. 均一温度

测温过程中，由于受包裹体在不同寄主矿物中的发育情况、大小以及寄主矿物的颜色、透明度等因素的影响,只选取寄主矿物内大而透明的原生包裹体进行测试,测试结果如表 8-10 所示。石英中流体包裹体均一温度相对较集中,变化介于 140～330℃之间,峰值为 140～200℃,平均均一温度为 171℃。闪锌矿均一温度更加集中,均一温度的范围为 145～218℃,峰值介于 200～220℃之间,平均的均一温度为 173℃。均一温度直方图显示(图 8-22、图 8-23),主成矿阶段流体主要集中于 140～200℃之间,成矿温度较低,显示了具有低温热液矿床的性质。

表 8-10 栗山铅锌铜多金属矿成矿流体均一温度、盐度、密度、压力、成矿深度参数表

寄主矿物	包裹体类型	均一温度/℃	盐度/(wt%NaCleqv)	密度/(g·cm^{-3})	压力/MPa	成矿深度/km
石英	VL	140～310	0.4～13.8	0.70～1.0	9.3～24.9	0.9～2.5
闪锌矿	VL	145～185	1.0～10.5	0.90～0.97	9.8～18.6	0.98～1.9

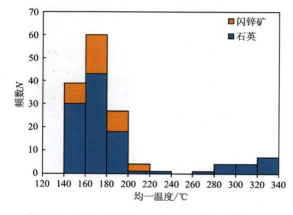

图 8-22 栗山铅锌铜多金属矿流体包裹体均一温度直方图

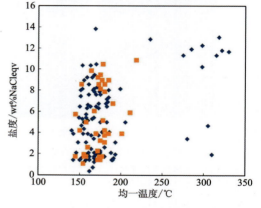

图 8-23 栗山铅锌铜多金属矿流体包裹体温度和盐度散点图

2. 盐度

通过流体包裹体显微测温实验,获得石英和闪锌矿的冰点温度。采用 Hall 等(1988)提出的公式,见式(5-1)。

测试结果如表 8-10,图 8-24 所示。石英中流体包裹体的盐度变化介于 0.4wt%～13.8wt% NaCleqv 之间,集中于 1wt%～9wt% NaCleqv 之间,平均盐度为 4.8wt% NaCleqv。闪锌矿中流体包裹体的盐度变化介于 3.9wt%～10.8wt% NaCleqv 之间,集中于 7wt%～11wt% NaCleqv 之间,平均盐度为 6.83wt% NaCleqv(图 8-23)。整体而言,流体包裹体结果显示,成矿流体具有中低盐度特征(图 8-23、图 8-24)。

3. 密度

流体的密度主要根据刘斌等(1987)利用数据模型拟合得到的计算密度的公式,见式(5-2),由此计算得到栗山铅锌铜多金属矿床的成矿流体密度范围主要分布于 0.70～1.01g/cm^3 间,平均值为 0.93g/cm^3。详见表 8-10,图 8-25。

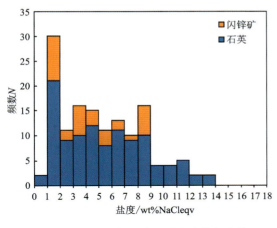

图 8-24 栗山铅锌铜多金属矿流体包裹体盐度直方图

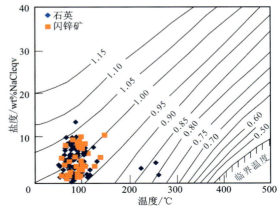

图 8-25 栗山铅锌铜多金属矿流体包裹体密度图解

4. 压力与成矿深度(估算)

对于成矿流体的压力估算,主要根据邵洁连(1990)提出的经验公式,见式(5-3)。求得主成矿阶段如表 8-10 所示。主成矿阶段流体包裹体流体捕获压力范围 9.3~24.9MPa,平均值为 13.9MPa。

孙丰月等(2000)提出当流体压力不超过 40MPa 时,可以采用静水压力梯度来计算成矿深度,即用压力除以静水压力梯度 10MPa/km;本矿床计算的压力主要集中于 9.3~24.9MPa 之间,由此计算成矿深度范围为 0.93~2.49km,其峰值在 1.0~1.8km 之间,平均值为 1.53km,总体为浅成矿深度。

三、H-O 同位素

栗山铅锌铜多金属矿石英硫化物阶段的 5 件石英样品的 H-O 同位素分析及计算结果见表 8-11。其中,δD_{H_2O} 为 $-75.5‰ \sim -65.8‰$(均值为 $-71.1‰$),$\delta^{18}O_{H_2O}$ 为 $-8.4‰ \sim -4.4‰$(均值为 $-6.1‰$)。流体 $\delta^{18}O_{H_2O}$ 采用 Clayton 等(1972)计算公式,根据包裹体显微测温结果进行,换算公式为 $1000\ln\alpha_{石英-水} = 58 \times 10^6 T^{-2} - 3.40$($T$ 为均一温度,本次采用均值 171℃进行计算)。

表 8-11 栗山铅锌铜多金属矿成矿流体 H-O 同位素组成

样号	矿物	$\delta D_{H_2O}/‰$	$\delta^{18}O_{石英}/‰$	Th/℃	T	$\delta^{18}O_{H_2O}/‰$
LS-1-2	石英	-75.5	8.4	171	444.15	-5.3
LS-2-2	石英	-65.8	6.3	171	444.15	-8.4
LS-3-1	石英	-73.6	8.1	171	444.15	-6.6
LS-4-1	石英	-70.9	8.3	171	444.15	-6.4
LS-5-1	石英	-70.1	9.3	171	444.15	-4.4

注:表中数据在核工业北京地质研究院测试得出。

将栗山铅锌铜多金属矿床石英中流体包裹体的 H-O 同位素结果投入氢-氧同位素组成图中(图 8-26),发现栗山铅锌铜多金属矿 δD_{V-SMOW} 值落入了典型岩浆水 δD_{V-SMOW} 范围(-80‰~-40‰)(Taylor et al,1974),说明成矿流体主要来源于岩浆热液;但氧同位素 $\delta^{18}O_{H_2O}$ 整体明显小于岩浆水 $\delta^{18}O_{H_2O}$ 值(5.5‰~9.6‰)(Taylor et al,1974),明显向大气降水线附近偏移,且十分靠近大气降水线,说明栗山铅锌铜多金属矿的成矿流体也为岩浆水与大气降水的混合流体。由于栗山铅锌铜多金属矿主要产于构造破碎带内,以脉状形式产出,推测成矿流体早期主要起源于岩浆热液,当成矿流体由早期封闭体系进入一个开放体系中(断裂、层间裂隙等),会使得压力发生骤然降低,成矿流体发生沸腾作用,并诱发矿质发生沉淀。从早期的石英和闪锌矿流体包裹体中存在富液两相、纯液相、纯气相包裹体可以看出,在相似的均一温度范围内,对应的盐度也是高盐度与低盐度共存的现象,由此表明早期阶段确实存在沸腾作用。伴随着后期大气降水的逐渐混入,混合岩浆水成为成矿流体的主干组成部分,且大气降水混入的比例更高。因此,推测大气降水混合作用是诱发栗山铅锌铜多金属矿中矿质沉淀重要因素。

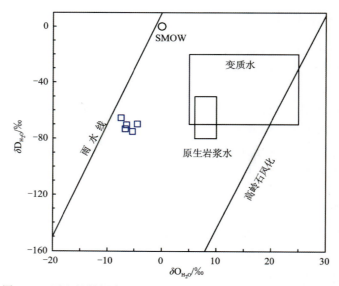

图 8-26 栗山铅锌铜多金属矿成矿流体 δD_{H_2O}-δO_{H_2O} 同位素图解

第四节 成矿物质来源

一、硫同位素

栗山铅锌铜多金属矿床 14 件主成矿期矿石硫化物单矿物样品、张鲲等(2015)的 14 件及郭飞等(2018)的 14 件相关样品测试结果列于表 8-12。从 42 件样品的分析结果可以看出,主成矿期硫化物单矿物的 $\delta^{34}S$ 值为 -8.84‰~1.50‰,平均值为 -2.24‰,变化范围 9.34‰。其中,闪锌矿的 $\delta^{34}S$ 值为 -4.07‰~2.50‰,平均值为 -0.44‰;方铅矿的 $\delta^{34}S$ 值为 -8.84‰~

$-1.40‰$,平均值为$-3.95‰$;黄铜矿的$\delta^{34}S$值为$-2.73‰\sim-0.68‰$,平均值为$-2.20‰$(表8-13)。通常情况下,在平衡条件下矿石硫化物对$\delta^{34}S$富集的顺序通常为黄铁矿>闪锌矿>黄铜矿>方铅矿。从上述矿石硫化物中硫同位素组成来看,共生矿物达到了硫同位素平衡。

表8-12 栗山铅锌铜多金属矿硫化物$\delta^{34}S$同位素组成

编号	矿区	样品编号	单矿物	$\delta^{34}S_{CDT}/‰$	数据来源
1	栗山	LS-1-2-2-1	闪锌矿	-0.38	本文
2	栗山	LS-1-2-2-2	闪锌矿	-0.39	
3	栗山	LS-2-2-2	方铅矿	-4.47	
4	栗山	LS-2-2-3	闪锌矿	-0.41	
5	栗山	LS-3-1-1	黄铜矿	-2.08	
6	栗山	LS-3-1-2	方铅矿	-3.10	
7	栗山	LS-3-1-3-1	闪锌矿	-0.52	
8	栗山	LS-3-1-3-2	闪锌矿	-0.51	
9	栗山	LS-4-1-1	黄铜矿	-0.68	
10	栗山	LS-4-1-2	方铅矿	-2.42	
11	栗山	LS-4-1-3	闪锌矿	-0.12	
12	栗山	LS-5-1-1	黄铜矿	-2.10	
13	栗山	LS-5-1-3-1	闪锌矿	-0.17	
14	栗山	LS-5-1-3-2	闪锌矿	-0.21	
15	栗山	SD1-1-1	闪锌矿	0.77	张鲲等,2015
16	栗山	SD1-1-2	黄铜矿	-2.52	
17	栗山	SD1-1-4	方铅矿	-5.01	
18	栗山	SD1-2-1	闪锌矿	-1.86	
19	栗山	SD1-2-2	黄铜矿	-2.72	
20	栗山	SD1-2-3	闪锌矿	-4.07	
21	栗山	SD1-2-5	黄铜矿	-2.73	
22	栗山	SD1-2-7	黄铜矿	-2.54	
23	栗山	SD1-2-8-1	闪锌矿	-3.25	
24	栗山	SD1-2-8-2	方铅矿	-8.84	
25	栗山	SD1-2-7	方铅矿	-8.15	
26	栗山	SD1-3-1	方铅矿	-6.39	
27	栗山	SD1-3-10-1	方铅矿	-3.58	
28	栗山	SD1-3-10-2	闪锌矿	-0.10	

续表 8-12

编号	矿区	样品编号	单矿物	$\delta^{34}S_{CDT}$/‰	数据来源
29	栗山	15LS-01	方铅矿	−3.60	
30	栗山	15LS-03	方铅矿	−4.40	
31	栗山	15LS-04	方铅矿	−4.70	
32	栗山	15LS-05	方铅矿	−2.10	
33	栗山	15LS-06	方铅矿	−2.30	
34	栗山	15LS-07	方铅矿	−3.30	
35	栗山	15LS-09	方铅矿	−3.30	郭飞等,2018
36	栗山	15LS-10	方铅矿	−1.90	
37	栗山	15LS-13	方铅矿	−4.20	
38	栗山	15LS-14	方铅矿	−1.40	
39	栗山	15LS-04	闪锌矿	1.10	
40	栗山	15LS-06	闪锌矿	1.20	
41	栗山	15LS-09	闪锌矿	1.50	
42	栗山	15LS-10	闪锌矿	−0.10	

注:表中数据在中国地质调查局武汉地质调查中心同位素地球化学研究室测试得出。

表 8-13 栗山铅锌铜多金属矿床硫化物 δ^{34}S 同位素组成

矿区	单矿物	样品数	单矿物 δ^{34}S/‰		矿区 δ^{34}S/‰			资料来源
			变化范围	平均值	变化范围	离差	平均值	
栗山	方铅矿	18	−8.84~−1.40	−3.95	−8.84~1.50	9.34	−2.24	本文;张鲲等,2015;郭飞等,2018
	闪锌矿	17	−4.07~1.50	−0.44				
	黄铜矿	7	−2.73~−0.68	−2.20				

注:表中数据在中国地质调查局武汉地质调查中心同位素地球化学研究室测试得出。

在硫同位素的频率直方图上(图 8-27),各种矿石矿物的 δ^{34}S 值也比较接近,δ^{34}S 的峰值主要集中在 −1‰~0 之间,为比较小的负数。在共生矿物对达到硫同位素平衡的情况下,可以根据平克尼-拉夫特图解法(Pinckney et al,1972)进行分析成矿热液的总硫同位素组成,且相关样品在 $\delta^{34}S_{A-B}$ 对 $\delta^{34}S_A$ 与 $\delta^{34}S_B$ 的关系图上应构成一条直线,该直线在 δ^{34}S 轴上的截距由成矿热液的总硫同位素组成,两直线的斜率为一正一负,且斜率的绝对值之和必须接近 1。利用这种方法,计算出栗山铅锌铜多金属矿的成矿热液的总硫同位素组成 $\delta^{34}S_{\Sigma S}$ 为 −0.71‰。

一般认为,基性岩的 δ^{34}S 平均值为 +2.7‰(+8.6‰~+6.7‰),超镁铁质岩 δ^{34}S 平均值为 +1.2‰(+8.3‰~−1.3‰),陨石 δ^{34}S 变化于 +2.6‰~−0.6‰,因此,对比栗山铅锌铜多金属矿的矿石硫化物与其他岩石的 δ^{34}S 变化范围(图 8-28),认为栗山铅锌铜多金属矿床的硫同位素主要来自深源岩浆源区,但可能在岩浆上升的过程中混染了极少量的围岩地层成分。

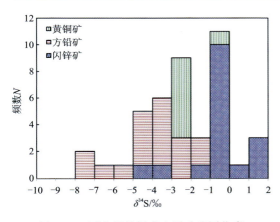
图 8-27 栗山铅锌铜多金属矿硫同位素组成直方图

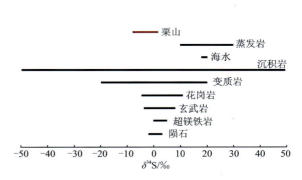
图 8-28 栗山铅锌铜多金属矿硫同位素综合对比图

二、铅同位素

栗山铅锌铜多金属矿主成矿期的 10 件矿石硫化物单矿物的 $^{206}Pb/^{204}Pb$、$^{207}Pb/^{204}Pb$、$^{208}Pb/^{204}Pb$ 值分别为 18.132~19.382（平均值为 18.245）、15.591~15.819（平均值为 15.700）、38.555~39.232（平均值为 38.800）（表 8-14）。其中，3 件方铅矿的 $^{206}Pb/^{204}Pb$、$^{207}Pb/^{204}Pb$、$^{208}Pb/^{204}Pb$ 值分别为 18.132~19.382（平均值为 18.273）、15.591~15.819（平均值为 15.744）、38.555~39.232（平均值为 38.933）。4 件闪锌矿的 $^{206}Pb/^{204}Pb$、$^{207}Pb/^{204}Pb$、$^{208}Pb/^{204}Pb$ 值分别为 18.132~19.382（平均值为 18.224）、15.591~15.819（平均值为 15.673）、38.555~39.232（平均值为 38.737）。3 件黄铜矿的 $^{206}Pb/^{204}Pb$、$^{207}Pb/^{204}Pb$、$^{208}Pb/^{204}Pb$ 值分别为 18.177~18.305（平均值为 18.244）、15.651~15.736（平均值为 15.692）、38.596~38.907（平均值为 38.750）。结果显示，栗山铅锌铜多金属矿矿石铅的铅同位素比较稳定，显示具有正常铅的特征（图 8-29）。

表 8-14 栗山铅锌铜多金属矿床铅同位素组成及参数

编号	样号	单矿物	$^{206}Pb/^{204}Pb$	$^{207}Pb/^{204}Pb$	$^{208}Pb/^{204}Pb$	T/Ma	μ	ω	Th/U	$\Delta\beta$	$\Delta\gamma$
1	LS-1-2-2	闪锌矿	18.382	15.710	38.860	321	9.68	39.48	3.95	25.95	51.23
2	LS-2-2-2	方铅矿	18.239	15.728	38.846	442	9.74	40.46	4.02	28.78	56.35
3	LS-2-2-3	闪锌矿	18.213	15.701	38.767	429	9.69	40.00	4.00	25.95	53.60
4	LS-3-1-1	黄铜矿	18.251	15.690	38.748	390	9.66	39.58	3.97	25.01	51.31
5	LS-3-1-2	方铅矿	18.218	15.684	38.721	406	9.65	39.61	3.97	24.71	51.31
6	LS-3-1-3	闪锌矿	18.132	15.591	38.555	357	9.48	38.49	3.93	18.36	44.59
7	LS-4-1-1	黄铜矿	18.305	15.736	38.907	405	9.75	40.40	4.01	28.10	56.31
8	LS-4-1-2	方铅矿	18.361	15.819	39.232	461	9.91	42.30	4.13	33.84	68.72

续表 8-14

编号	样号	单矿物	$^{206}Pb/^{204}Pb$	$^{207}Pb/^{204}Pb$	$^{208}Pb/^{204}Pb$	T/Ma	μ	ω	Th/U	$\Delta\beta$	$\Delta\gamma$
9	LS-4-1-3	闪锌矿	18.168	15.688	38.766	446	9.67	40.14	4.02	25.19	54.35
10	LS-5-1-1	黄铜矿	18.177	15.651	38.596	396	9.59	38.99	3.93	22.49	48.46

注：模式年龄据 Doe et al,1974。

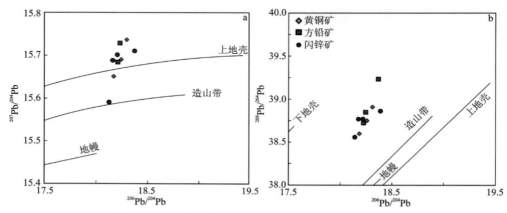

图 8-29　栗山铅锌铜多金属矿硫化物铅同位素构造演化模式图（底图据 Zartman et al,1981）

第五节　矿床成因

张鲲等(2015、2016)基于矿床地质特征，初步认为矿床应属于"与岩浆热液相关的热液充填型矿床"，但缺乏更进一步的证据支撑。郭飞等(2018)认为矿床类型为"与岩浆热液有关的中温热液充填交代成因"。

本文通过矿床地质分析，结合成岩-成矿年代学、成矿物质来源、成矿流体性质综合研究，认为矿区矿体的充填成因特征明显，成矿时代晚于矿区岩浆岩的成岩时代，成矿过程可能与长-平断裂的晚期活动引发的次级断裂活动相关，且不排除深部隐伏岩体对成矿过程的贡献作用。结合张鲲等(2015)提出的"与岩浆热液相关的热液充填型矿床"、郭飞等(2018)提出的"与岩浆热液有关的中温热液充填交代成因"等已有研究结果，判断栗山铅锌铜多金属矿床的成因类型可能为"与岩浆热液相关的晚白垩世(88Ma±)中温充填型铅锌铜多金属矿床"。

矿床成矿过程可简述为：新元古代，扬子板块与华夏板块碰撞，湘东北地区发生剧烈构造-岩浆活动，形成了包括矿区片麻状中细粒黑云母花岗闪长岩在内的三墩、梅仙、钟洞等大量新元古代岩浆岩。接着，形成冷家溪群(PtLN)浅变质岩地层。早白垩世(138～132Ma)，受太平洋板块向扬子板块俯冲及其远程效益及华南构造体制变化的持续影响，湘东北幕阜山地区发生强烈的构造运动与大规模花岗岩浆活动，来自中下地壳的熔融岩浆先后形成了矿区的细粒花岗闪长岩、中细粒二云母花岗岩。随后，幕阜山岩浆岩持续演化，形成矿区及外围大面积分布的晚期伟晶岩。晚白垩世(88Ma±)，湘东北地区再次发生北东向构造运动，长沙-

平江区域性断裂再次活动,引发次级断裂在栗山地区形成北东向、北北东向、北北西向、南北向大断裂,并贯穿了细粒花岗闪长岩、中细粒二云母花岗岩及伟晶岩,表征出明显的后期断裂特征。长沙-平江区域性断裂及其次级断裂,以及可能的深部隐伏岩体,共同驱动岩浆热液携带含 Pb、Zn、Cu 等多种金属元素,在压力差等驱动力的作用下,运移至有利断裂构造空间,随着含矿流体压力、温度的降低及大气降水的逐步混入,成矿流体挥发分不断逸出,pH、Eh 等物理化学条件相应变化,成矿热液中的含矿络合物或化合物发生分解、沉淀,以及堆积、富集作用,沿着矿区的多条近平行断裂空间,充填形成多条近平行的脉状陡立铅锌铜多金属矿体,并经后期剥蚀-风化-淋滤富集作用,保留至今。

第九章　铜铅锌多金属成矿系统

第一节　成矿系统划分

一、成矿系统划分依据

根据成矿系统的定义,在一定的时-空域中,控制矿床形成和保存的全部地质要素和成矿作用动力过程,以及所形成的矿床系列、异常系列构成的整体,是具有成矿功能的一个自然系统,被称为成矿系统。它主要包括控矿要素、成矿作用过程、形成的矿床系列和异常系列、成矿后变化和保存等4个方面的重要内容(翟裕生等,1999b)。

翟裕生等(1999b)认为,地质演化历史中,因地质成矿作用的差异,可以形成多个成矿系统。成矿系统划分,应遵循科学、简明和实用的原则,并指出其主要的划分依据如下。

(1)成矿系统大类(巨系统)划分:主要根据构造动力体制划分,可划分为伸展构造成矿系统(大类)、挤压构造成矿系统(大类)、走滑构造成矿系统(大类)、隆升构造成矿系统(大类)、沉降构造成矿系统(大类)、大型韧性剪切成矿系统(大类)、陨击构造成矿系统(大类)等七大类及其大类间的过渡、复合类型。

(2)成矿系统类划分:主要在成矿系统大类划分的基础上,结合成矿地质背景,进一步按成矿机理类型划分,可划分为岩浆成矿系统类、热液(水)成矿系统类、沉积成矿系统类、生物成矿系统类、改造成矿类。每类亦可有过渡、复合类成矿系统。

(3)成矿系统划分:主要在成矿系统类划分的基础上,进一步根据含矿建造及成矿环境等划分。以金属矿床为例,在热液(水)成矿系统类中,可进一步划分为斑岩热液成矿系统(铜、钼、金等矿种)、火山热液成矿系统(含 VMS)(铜、铅、锌等矿种)、浅成低温热液成矿系统(含 MVT、卡林型等)(铅、锌、银、金等矿种)、动力热液成矿系统(金、银、铅、锌等矿种)、热水沉积热液成矿系统(含 SEDEX)(铅、锌、铜等矿种)等。各系统间可能有过渡、复合或转换类型。

(4)成矿亚系统(子系统):主要在成矿系统划分的基础上,进一步根据主岩、矿源、元素组合类型的不同进行划分,系统间也可能有过渡、复合或转换类型。

二、湘东北铜铅锌多金属成矿系统划分

根据研究区铜铅锌多金属成矿作用的综合研究,基于研究区大地构造位置主要位于扬子板块与华夏板块的拼合带这一集中的区域,成矿时间主要集中在晚侏罗世至晚白垩世这一时间段,成矿构造环境为扬子板块与华夏板块拼合造山后的伸展环境,成矿元素以 Cu、Pb、Zn、

Co 等为主,矿床类型以斑岩-矽卡岩-热液脉型和热液脉型为主的区域成矿特征,将研究区的铜铅锌多金属成矿作用划分为燕山期造山后伸展环境的岩浆-热液成矿系统(表 9-1),并可进一步划分为斑岩型-矽卡岩型-热液脉型铜(金)多金属、岩浆-热液充填-交代型铜钴铅锌多金属、岩浆-热液充填型铅锌铜多金属等 3 类成矿子系统。

表 9-1　湘东北燕山期铜铅锌多金属岩浆-热液成矿系统划分一览表

成矿系统	成矿子系统	矿床成因类型	成矿时代/Ma	构造环境	容矿建造	控矿岩石构造	成矿元素	典型矿床
燕山期岩浆-热液成矿系统	斑岩型-矽卡岩型-热液脉型铜多金属成矿子系统	斑岩-矽卡岩-热液脉型三位一体	153	造山后伸展环境	冷家溪群海相浅变质岩、中上石炭统壶天群白云质灰岩、白云岩	七宝山石英斑岩,北东东及东西向、北西向等 3 组断裂交会	Cu	七宝山铜(金)多金属矿
	岩浆-热液充填-交代型铜钴铅锌成矿子系统	岩浆-热液充填-交代型	128		冷家溪群海相浅变质岩,泥盆系跳马涧组砂质页岩、砾岩、板岩	连云山二云母二长花岗岩,北东向长-平断裂	Cu、Co、Pb、Zn	井冲铜钴铅锌多金属矿
			135		冷家溪群海相浅变质岩	幕阜山黑云母二长花岗岩,北东向新宁-灰汤断裂	Pb、Zn、Cu	桃林铅锌铜多金属矿
	岩浆-热液充填型铅锌铜多金属成矿子系统	岩浆-热液充填型	88		冷家溪群海相浅变质岩	长-平断裂的北北东向次级断裂	Pb、Zn、Cu	栗山铅锌铜多金属矿

其中,斑岩型-矽卡岩型-热液脉型铜多金属成矿子系统,主要形成与晚侏罗世石英斑岩和活泼碳酸盐岩地层接触带密切相关的七宝山晚侏罗世斑岩型-矽卡岩型-热液脉状三位一体铜多金属矿;岩浆-热液充填-交代型铜钴铅锌成矿子系统,主要形成与晚侏罗世连云山二云母二长花岗岩侵位和长-平断裂构造活动相关的早白垩世井冲岩浆热液脉型铜钴铅锌多金属矿、与早白垩世幕阜山黑云母二长花岗岩侵位相关的早白垩世桃林热液脉型铅锌铜多金属矿;岩浆-热液充填型铅锌铜多金属成矿子系统,主要形成早于白垩世岩浆侵位后与后期晚白垩世构造再次活动密切相关的晚白垩世栗山热液脉型铅锌铜多金属矿。

研究区在侏罗世—白垩世先后经历多期构造活动叠加,不同时期的构造演化具有继承性和叠加性,导致本成矿系统的子系统之间实际上具有随时间持续而发生岩浆侵入、构造运动导致的叠加和过渡的演化特点,这是具有成因关联的一个整体。

第二节　成矿要素

一、物质来源

1. 硫同位素

湘东北地区七宝山、井冲、桃林、栗山等 4 个矿床的 80 个硫化物单矿物样品的 $\delta^{34}S$ 值详见表 9-2、表 9-3。对比发现，4 个矿床的硫化物硫同位素值主要介于 $-10‰\sim+5‰$ 之间(图 9-1)。其中，七宝山铜(金)多金属矿的 $\delta^{34}S$ 值均为正值，井冲铜钴铅锌多金属矿的 $\delta^{34}S$ 值均为负值，桃林及栗山铅锌铜多金属矿 4 个样品 $\delta^{34}S$ 值为正值(接近于 0，均为闪锌矿)以外的其余样品 $\delta^{34}S$ 值均为负值(图 9-1)。曹亮等(2017)发现湘西铅锌矿矿石硫化物普遍富集重硫，$\delta^{34}S$ 值主要集中于 $6.3‰\sim15.22‰$、$22.46‰\sim36.66‰$ 之间，具有沉积型矿床硫同位素组成特征(图 9-2)，并认为硫主要来源于地层中的硫化物或硫酸盐岩以及海水硫。但本文的七宝山、井冲、桃林、栗山等 4 个矿床的硫同位素组成更多表现出与岩浆热液相关的特点，与蒸发硫酸盐岩、海水、沉积岩等的硫同位素特征具有明显差别。因此，推测湘东北地区上述铜铅锌钴多金属矿床的形成主要与深部岩浆有关。

表 9-2　湘东北地区铜铅锌矿床硫化物 $\delta^{34}S$ 测试数据表

编号	成因类型	主要矿种	矿区	样品编号	单矿物	$\delta^{34}S_{CDT}/‰$	数据来源
1	斑岩型-矽卡岩型-热液脉型	铜	七宝山	QB2	黄铁矿	4.50	胡俊良等，2017
2			七宝山	QB4	黄铁矿	4.11	
3			七宝山	QB6-1	黄铁矿	4.45	
4			七宝山	QB6-2	黄铁矿	4.68	
5			七宝山	QB8	黄铁矿	4.29	
6			七宝山	QB9	黄铁矿	4.84	
7			七宝山	QB12	黄铁矿	3.24	
8			七宝山	QB19	黄铁矿	3.47	
9			七宝山	QB1	黄铁矿	2.84	
10			七宝山	QB17	黄铁矿	3.86	
11			七宝山	QB20-1	黄铁矿	2.22	
12			七宝山	QB20-2	黄铁矿	2.30	
13	热液脉型	铜、钴、铅、锌	井冲	JC-1-1	黄铁矿	-4.63	本文
14			井冲	JC-3-1-1-1	黄铁矿	-2.07	
15			井冲	JC-3-1-2-1	黄铁矿	-1.91	
16			井冲	JC-3-2-2-1	黄铁矿	-1.97	

续表 9-2

编号	成因类型	主要矿种	矿区	样品编号	单矿物	$\delta^{34}S_{CDT}/‰$	数据来源
17	热液脉型	铜、钴、铅、锌	井冲	JC-3-2-2-2	黄铁矿	−1.95	本文
18			井冲	JC-3-3-1-1	黄铁矿	−3.37	
19			井冲	JC-3-3-1-1-1	黄铁矿	−3.35	
20			井冲	JC-3-3-2	黄铁矿	−2.93	
21			井冲	JC-3-4-1	黄铁矿	−2.83	
22			井冲	JC-3-5-1-1	黄铁矿	−2.16	
23			井冲	JC-1	黄铁矿	−3.80	易祖水等，2008
24			井冲	JC-2	黄铁矿	−4.30	
25			井冲	JC-5	黄铜矿	0.20	
26			井冲	JC-6	黄铜矿	−4.40	
27	热液脉型	铅、锌、铜	桃林	TL-1-1-1	方铅矿	−6.61	本文
28			桃林	TL-1-1-1-1	方铅矿	−6.52	
29			桃林	TL-1-1-2	闪锌矿	−4.52	
30			桃林	TL-1-2	闪锌矿	−4.88	
31			桃林	TL-1-7	方铅矿	−7.64	
32			桃林	TL-2-4-1	闪锌矿	−5.32	
33			桃林	TL-2-4-3-1	闪锌矿	−6.97	
34			桃林	TL-2-4-3-1-1	闪锌矿	−5.00	
35			桃林	TL-2-10-1-1	方铅矿	−7.75	
36			桃林	TL-2-10-1-2	闪锌矿	−5.57	
37			桃林	TL-2-32-2-1	方铅矿	−10.20	
38			桃林	TL-2-32-2-2	闪锌矿	−7.87	
39	热液脉型	铅、锌、铜	栗山	LS-1-2-2-1	闪锌矿	−0.38	
40			栗山	LS-1-2-2-2	闪锌矿	−0.39	
41			栗山	LS-2-2-2	方铅矿	−4.47	
42			栗山	LS-2-2-3	闪锌矿	−0.41	
43			栗山	LS-3-1-1	黄铜矿	−2.08	
44			栗山	LS-3-1-2	方铅矿	−3.10	
45			栗山	LS-3-1-3-1	闪锌矿	−0.52	
46			栗山	LS-3-1-3-2	闪锌矿	−0.51	
47			栗山	LS-4-1-1	黄铜矿	−0.68	
48			栗山	LS-4-1-2	方铅矿	−2.42	
49			栗山	LS-4-1-3	闪锌矿	−0.12	

续表 9-2

编号	成因类型	主要矿种	矿区	样品编号	单矿物	$\delta^{34}S_{CDT}/‰$	数据来源
50	热液脉型	铅、锌、铜	栗山	LS-5-1-1	黄铜矿	-2.10	本文
51			栗山	LS-5-1-3-1	闪锌矿	-0.17	
52			栗山	LS-5-1-3-2	闪锌矿	-0.21	
53			栗山	SD1-1-1	闪锌矿	0.77	张鲲等, 2015
54			栗山	SD1-1-2	黄铜矿	-2.52	
55			栗山	SD1-1-4	方铅矿	-5.01	
56			栗山	SD1-2-1	闪锌矿	-1.86	
57			栗山	SD1-2-2	黄铜矿	-2.72	
58			栗山	SD1-2-3	闪锌矿	-4.07	
59			栗山	SD1-2-5	黄铜矿	-2.73	
60			栗山	SD1-2-7	黄铜矿	-2.54	
61			栗山	SD1-2-6-1	闪锌矿	-3.25	
62			栗山	SD1-2-6-2	方铅矿	-8.84	
63			栗山	SD1-2-7	方铅矿	-8.15	
64			栗山	SD1-3-1	方铅矿	-6.39	
65			栗山	SD1-3-10-1	方铅矿	-3.58	
66			栗山	SD1-3-10-2	闪锌矿	-0.10	
69			栗山	15LS-01	方铅矿	-3.60	郭飞等, 2018
70			栗山	15LS-03	方铅矿	-4.40	
71			栗山	15LS-04	方铅矿	-4.70	
72			栗山	15LS-05	方铅矿	-2.10	
73			栗山	15LS-06	方铅矿	-2.30	
74			栗山	15LS-07	方铅矿	-3.30	
75			栗山	15LS-09	方铅矿	-3.30	
76			栗山	15LS-10	方铅矿	-1.90	
77			栗山	15LS-13	方铅矿	-4.20	
78			栗山	15LS-14	方铅矿	-1.40	
79			栗山	15LS-04	闪锌矿	1.10	
80			栗山	15LS-06	闪锌矿	1.20	
81			栗山	15LS-09	闪锌矿	1.50	
82			栗山	15LS-10	闪锌矿	-0.10	

注：表中数据在中国地质调查局武汉地质调查中心同位素地球化学研究室测试得出。

第九章 铜铅锌多金属成矿系统

表 9-3 湘东北地区铜铅锌矿床硫化物 $\delta^{34}S$ 组成对比

矿床	单矿物	样品数	单矿物 $\delta^{34}S/‰$		矿区 $\delta^{34}S/‰$			资料来源
			变化范围	平均值	变化范围	离差	平均值	
七宝山	黄铁矿	12	2.22~4.68	3.73	2.22~4.68	2.46	3.73	胡俊良等,2017
井冲	黄铁矿	12	−4.63~−1.91	−2.94	−4.63~0.20	1.55	−2.82	本文;易祖水等,2008
	黄铜矿	2	−4.40~0.20	−2.1				
桃林	方铅矿	5	−10.2~−6.52	−7.74	−10.2~−4.52	2.29	−6.60	本文;Ding et al,1984
	闪锌矿	7	−7.87~−4.52	−5.45				
	重晶石	5	16.50~17.04	17.01	16.50~17.04	0.54	17.01	
栗山	方铅矿	18	−7.84~−1.40	−3.95	−7.84~1.50	9.34	−2.24	本文;张鲲等,2015;郭飞等,2018
	闪锌矿	17	−4.07~1.50	−0.44				
	黄铜矿	7	−2.73~−0.68	−2.20				

注:表中数据在中国地质调查局武汉地质调查中心同位素地球化学研究室测试得出。

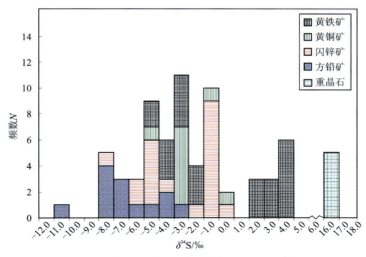

图 9-1 湘东北铜铅锌矿床硫化物 $\delta^{34}S$ 组成直方图

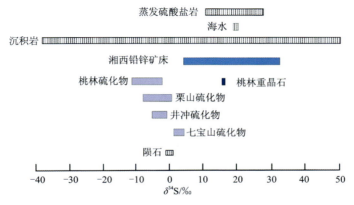

图 9-2 湘东北及湘西铜铅锌多金属矿床 $\delta^{34}S$ 组成对比图

进一步分析发现,七宝山矿区 δ^{34}S 值主要集中于 2‰～5‰之间,接近 0 值且 δ^{34}S 值均为正值,而桃林、栗山矿床以及井冲矿床的矿石硫化物硫同位素值主要介于－8‰～0 之间。由于陨石的硫同位素值主要为 3‰,区内广泛发育的冷家溪群硫同位素值主要介于－13.1‰～－6.3‰之间,因此,推测成矿热液在上升运移过程中不同比例地混入了少量地层硫源。由于七宝山矿床 δ^{34}S 值主要集中于 2‰～5‰之间,与典型岩浆热液特征(－3‰～＋7‰,Ohmoto et al,1997)接近,井冲、栗山矿区 δ^{34}S 值均主要集中于－5‰～0 之间,桃林矿区 δ^{34}S 值则集中于－8‰～－4‰之间,因此,进一步推测相对栗山、井冲矿区,桃林铅-锌矿混入了更多的地层硫源,但成矿物质来源整体仍为深部岩浆硫源。

2. 铅同位素

七宝山、井冲、桃林、栗山等 4 个矿床 48 个硫化物单矿物样品的铅同位素组成详见表 9-4。其中,^{206}Pb/^{204}Pb、^{207}Pb/^{204}Pb、^{208}Pb/^{204}Pb 比值分别为 18.076～18.478、15.537～18.819、38.365～39.232,均值分别为 18.276、15.669 和 38.708,极差分别为 0.402、3.282、0.867。此外,4 个矿床的铅同位素特征值 μ 值为 9.37～9.91,均值为 9.62;ω 值为 36.42～42.30,均值为 39.06。Th/U 为 3.74～4.14,均值为 3.93;ω 值为 36.4～42.3,均值为 39.06;$\Delta\beta$ 值为 14.56～33.84,均值为 23.42;$\Delta\gamma$ 值为 32.24～67.72,均值为 48.23。

将 4 个矿床的铅同位素组成数据投图到铅同位素构造模式图解中(图 9-3),发现 4 个矿床的铅同位素比值都非常均一,变化范围很小,显示出普通铅特征(正常普通铅);图 9-3 还显示,所有铅同位素样品投点落在上地壳演化线上、附近或上地壳与造山带演化线之间,并显示出一定的线性分布关系,综合说明 4 个矿床的铅主要来自较稳定的铅源。

根据 Zartman 和 Doe 的铅构造模式,现代海相拉斑玄武岩或一些洋岛火山岩的铅同位素成分代表了地幔的主要铅同位素组成,岛弧(原生弧)到大陆岛弧(成熟弧)环境实际上就是铅构造模式中的造山带,成熟弧在靠近大陆地带演化形成,其主要物质来自地幔(火山岩或深成岩)与大陆地壳(沉积碎屑)的混合物。由此说明,湘东北地区铜铅锌钴多金属矿床的铅为不同类型或具不同来源的铅的混合作用形成,可能是地壳深部幔质岩石(火山岩、深成岩)和大陆地壳(碎屑沉积岩)深部混熔岩浆分异演化的产物。

王立强等(2010)指出,铅同位素源区特征值 μ 值的变化,能提供地质体经历地质作用的信息,也能反映铅的来源。Zartman 等(1981)、吴开兴等(2002)等指出,一般情况下,具有高 μ 值(＞9.58)的铅通常被认为是来自 U、Th 相对富集的上部地壳物质,而小于此值则认为主要来自地幔。对 ω 值而言,来自上地壳的 ω 值为 41.860,来自地幔的 ω 值为 31.844。本文 4 个矿床硫化物单矿物铅同位素 μ 值为 9.4～9.9(均值为 9.62),ω 值为 36.4～42.3(均值为 39.06),据此推测研究区 4 个矿床硫化物中的铅主要来源于上地壳,但亦有部分幔源物质贡献其中。

第九章 铜铅锌多金属成矿系统

表 9-4 湘东北地区铜铅锌多金属矿床硫化物单矿物铅同位素组成及参数

编号	矿床	主要矿种	成因类型	样号	单矿物	$^{206}Pb/^{204}Pb$	$^{207}Pb/^{204}Pb$	$^{208}Pb/^{204}Pb$	T/Ma	μ	ω	Th/U	Δβ	Δγ	数据来源
1	七宝山	铜	斑岩型	QB2	黄铁矿	18.384	15.689	38.509	295	9.64	37.79	3.79	24.45	40.58	胡俊良等,2017
2				QB4	黄铁矿	18.315	15.661	38.376	310	9.59	37.36	3.77	22.69	37.65	
3				QB6	黄铁矿	18.384	15.737	38.856	351	9.74	39.72	3.95	27.87	52.48	
4				QB8	黄铁矿	18.326	15.665	38.632	307	9.60	38.41	3.87	22.94	44.44	
5				QB12	黄铁矿	18.350	15.629	38.577	246	9.53	37.70	3.83	20.29	40.24	
6				QB19	黄铁矿	18.396	15.666	38.705	258	9.60	38.32	3.86	22.76	44.22	
7			矽卡岩型	QB1	黄铁矿	18.390	15.711	38.571	316	9.69	38.23	3.82	25.99	43.19	
8				QB17	黄铁矿	18.318	15.652	38.569	297	9.58	38.06	3.84	22.04	42.29	
9				QB20-1	黄铁矿	18.412	15.717	38.734	308	9.69	38.84	3.88	26.34	47.24	
10				QB20-2	黄铁矿	18.373	15.707	38.728	324	9.68	38.95	3.89	25.77	47.79	
11			热液脉型	Q-1	黄铁矿	18.320	15.625	38.625	263	9.52	38.03	3.87	20.11	42.29	
12				Q-2	黄铁矿	18.330	15.575	38.365	194	9.42	36.42	3.74	16.53	32.24	
13				铜-05-3	方铅矿	18.118	15.537	38.882	302	9.37	39.41	4.07	14.56	50.97	胡祥昭等,2000
14				铅2	方铅矿	18.478	15.628	38.708	153	9.51	37.51	3.82	19.81	39.67	
15				铅3	方铅矿	18.467	15.663	38.806	204	9.58	38.31	3.87	22.32	44.55	
16				铅4	方铅矿	18.420	15.723	38.818	310	9.71	39.21	3.91	26.74	49.60	
17				铅5	方铅矿	18.268	15.602	38.468	273	9.48	37.45	3.82	18.66	38.49	
18				t-9	方铅矿	18.100	15.626	38.628	422	9.55	39.34	3.99	21.01	49.51	陆玉梅等,1984
19				t-13	方铅矿	18.372	15.809	38.948	442	9.88	40.90	4.01	33.08	59.12	
20	井冲	铜、钴、铅、锌	热液脉型	JC-1-1	黄铁矿	18.316	15.663	38.698	312	9.60	38.72	3.90	22.83	46.44	本文
21				JC-1-1-1	黄铁矿	18.372	15.611	38.550	208	9.49	37.29	3.80	18.94	37.83	
22				JC-3-1-2-1	黄铁矿	18.316	15.668	38.732	318	9.61	38.91	3.92	23.19	47.63	
23				JC-3-2-2-1	黄铜矿	18.325	15.653	38.677	294	9.58	38.49	3.89	22.09	45.07	
24				JC-3-2-2-2	黄铜矿	18.305	15.624	38.570	273	9.52	37.87	3.85	20.09	41.25	
25				JC-3-3-1	黄铁矿	18.186	15.624	38.552	358	9.54	38.48	3.90	20.53	44.56	

续表 9-4

编号	矿床	主要矿种	成因类型	样号	单矿物	$^{206}Pb/^{204}Pb$	$^{207}Pb/^{204}Pb$	$^{208}Pb/^{204}Pb$	T/Ma	μ	ω	Th/U	$\Delta\beta$	$\Delta\gamma$	数据来源
26	井冲	铜、钴、铅-锌	热液脉型	JC-3-3-2	黄铁矿	18.372	15.686	38.788	300	9.64	39.00	3.92	24.28	48.34	本文
27				JC-3-4-1	黄铁矿	18.312	15.666	38.741	318	9.60	38.96	3.93	23.06	47.88	
28				JC-3-5-1-1	黄铁矿	18.317	15.663	38.728	311	9.60	38.84	3.92	22.83	47.21	
29	桃林	铅-锌、铜	热液脉型	TL-1-1-1	方铅矿	18.115	15.615	38.542	398	9.53	38.77	3.94	20.15	46.09	本文
30				TL-1-1-2	闪锌矿	18.229	15.757	39.016	482	9.80	41.55	4.10	29.92	62.81	
31				TL-1-2	闪锌矿	18.076	15.577	38.413	381	9.46	38.08	3.90	17.58	41.82	
32				TL-1-7	方铅矿	18.147	15.648	38.708	414	9.59	39.62	4.00	22.40	51.32	
33				TL-2-4-1	闪锌矿	18.140	15.664	38.781	437	9.62	40.14	4.04	23.57	54.35	
34				TL-2-4-3-1	方铅矿	18.128	15.703	38.878	465	9.70	40.81	4.07	26.28	58.27	
35				TL-2-10-1-1	方铅矿	18.231	15.641	38.671	419	9.58	39.51	3.99	21.97	50.54	
36				TL-2-10-1-2	闪锌矿	18.110	15.773	39.102	498	9.83	42.08	4.14	31.06	65.90	
37				TL-2-32-2-1	方铅矿	18.133	15.610	38.562	396	9.52	38.84	3.95	19.82	46.54	
38				TL-2-32-2-2	闪锌矿	18.133	15.643	38.668	418	9.58	39.48	3.99	22.09	50.41	
39	栗山	铅-锌、铜	热液脉型	LS-1-2-2	闪锌矿	18.382	15.710	38.860	321	9.68	39.48	3.95	25.95	51.23	本文
40				LS-2-2-2	方铅矿	18.239	15.728	38.846	442	9.74	40.46	4.02	27.78	56.35	
41				LS-2-2-3	闪锌矿	18.213	15.701	38.767	429	9.69	40.00	4.00	25.95	53.60	
42				LS-3-1-1	黄铜矿	18.251	15.690	38.748	390	9.66	39.58	3.97	25.01	51.31	
43				LS-3-1-2	方铅矿	18.218	15.684	38.721	406	9.65	39.61	3.97	24.71	51.31	
44				LS-3-1-3	闪锌矿	18.132	15.591	38.555	357	9.48	38.49	3.93	18.36	44.59	
45				LS-4-1-1	黄铜矿	18.305	15.736	38.907	405	9.75	40.40	4.01	28.10	56.31	
46				LS-4-1-2	方铅矿	18.361	15.819	39.232	461	9.91	42.30	4.13	33.84	67.72	
47				LS-4-1-3	闪锌矿	18.168	15.688	38.766	446	9.67	40.14	4.02	25.19	54.35	
48				LS-5-1-1	黄铜矿	18.177	15.651	38.596	396	9.59	38.99	3.93	22.49	47.46	

注：模式年龄数据 Doe et al, 1974。本文数据在中国地质调查局武汉地质调查中心同位素地球化学研究室测试得出。

$^{206}Pb/^{204}Pb - ^{207}Pb/^{204}Pb$ 构造模式图(图 9-3)显示,七宝山铜(金)多金属矿和井冲铜钴铅锌多金属矿床铅同位素值,整体显示相对较小的 $^{207}Pb/^{204}Pb$ 同位素比值。此外,将 4 个矿床 48 个样品的 $^{207}Pb/^{204}Pb$ 和 $^{208}Pb/^{204}Pb$ 相对于地幔 $^{207}Pb/^{204}Pb$ 和 $^{208}Pb/^{204}Pb$ 的偏差值 $\Delta\beta$ 和 $\Delta\gamma$ 投入到 $\Delta\beta - \Delta\gamma$ 图解中(朱炳泉等,1998)(图 9-4),发现除七宝山铜(金)多金属矿床的个别点落在了下地壳范围内外,七宝山、井冲矿石硫化物的铅同位素大部分分布在上地壳和上地壳与地幔混合的俯冲带铅(岩浆作用)范围内,而桃林、栗山铅锌铜多金属矿床则主要位于上地壳铅源部分,这与七宝山、井冲矿石矿物以铜、钴为主,桃林、栗山矿石矿物以铅-锌为主的地质事实相符合,也与 Rundick 等(2003)指出的"铜钴在地幔中含量要高于地壳中含量,而铅-锌则主要集中在地壳中"的认识一致。

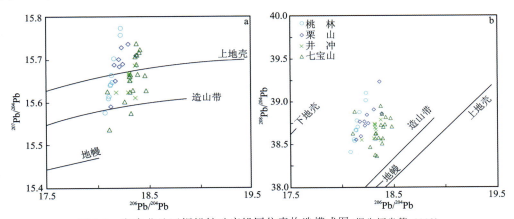

图 9-3 湘东北地区铜铅锌矿床铅同位素构造模式图(据朱炳泉等,1998)

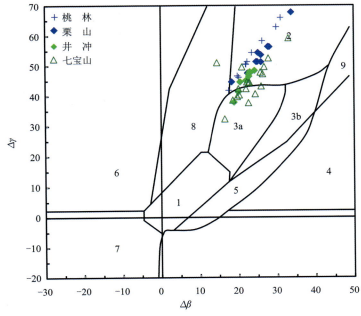

图 9-4 湘东北地区铜铅锌矿床铅同位素 $\Delta\gamma - \Delta\beta$ 成因分类图解(据朱炳泉等,1998)

1.地幔源铅;2.上地壳铅;3.上地壳与地幔混合的俯冲带铅(3a.岩浆作用;3b.沉积作用);4.化学沉积型铅;5.海底热水作用铅;6.中深变质作用铅;7.深变质下地壳铅;8.造山带铅;9.古老页岩上地壳铅;10.退变质铅

铅同位素的以上种种特征,综合反映了湘东北地区上述铜铅锌多金属矿床的铅同位素以混合源区特征为主,且总体以上地壳为主,但混入了部分幔源物质。其中,七宝山铜(金)多金属矿床和井冲铜钴铅锌多金属矿床中的幔源成分贡献程度相对较多,桃林和栗山铅锌铜多金属矿床相对较少。

综上所述,4个矿床的成矿物质来源,总体上呈现出自南东侧的七宝山铜(金)多金属矿床,至井冲铜钴铅锌多金属矿,以及北西侧的桃林和栗山铅锌铜多金属矿床,整体上具有幔源物质成分逐步减少,壳源物质成分逐步增多的规律。

二、流体性质

1. 均一温度、冰点温度

从均一温度分析,研究区4个矿床的石英中流体包裹体的均一温度有2个峰值,一个峰集中为325~425℃,另一个峰集中为125~250℃;闪锌矿中的成矿流体均一温度只有一个峰,集中为125~225℃,与石英中的相对低温的峰值一致(图9-5)。这表明,4个矿床的均一温度呈现出325~425℃、125~225℃这2个明显的区间,跨越高温和中低温2个阶段,代表至少2个相差较大的成矿温度环境,或一个矿床的2个温度相差较大的成矿期次或阶段。

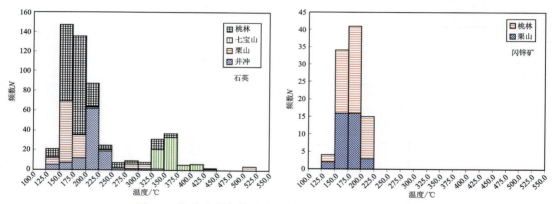

图9-5 湘东北铜铅锌矿床流体包裹体均一温度直方图

2. 盐度、密度

从冰点温度及对应的盐度分析,研究区4个矿床的石英的冰点温度有2个峰值,分别为 -12~-6℃、-6~-1℃;闪锌矿的冰点温度有3个峰值,分别为 -10~-7℃、-7~-4℃、-4~0℃(图9-6),总体上差别不大。相对应的,4个矿床成矿流体的盐度,总体上为中低盐度范围(图9-7)。4个矿床的均一温度-盐度组成图(图9-8)表明,桃林铅-锌矿的盐度变化范围跨度大,盐度最高值达16wt% NaCleqv,但主要集中于12wt%~14wt% NaCleqv,总体上属于相对高盐度流体;次为井冲,栗山和七宝山矿区盐度更低且相一致。

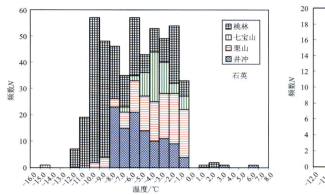
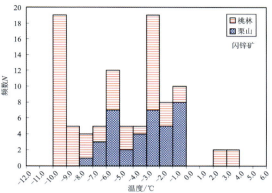

图 9-6 湘东北铜铅锌矿流体包裹体冰点温度直方图

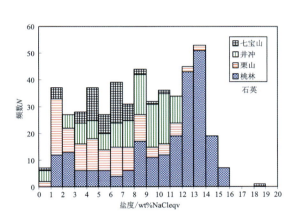

图 9-7 湘东北铜铅锌矿床流体
包裹体盐度分布直方图

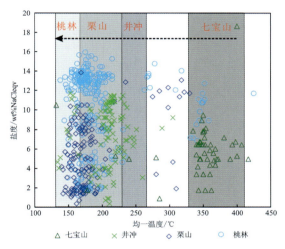

图 9-8 湘东北铜铅锌矿床流体
包裹体均一温度-盐度组成图

从流体的密度分析,研究区的 4 个典型矿床中,七宝山矿床主成矿阶段流体的密度范围为 $0.50 \sim 1.00 g/cm^3$,平均值为 $0.69 g/cm^3$;井冲矿床主成矿阶段成矿流体的密度范围为 $0.80 \sim 0.99 g/cm^3$,平均值为 $0.91 g/cm^3$;桃林矿床主成矿阶段成矿流体的密度范围为 $0.64 \sim 1.02 g/cm^3$,平均值为 $0.95 g/cm^3$;栗山矿床主成矿阶段成矿流体的密度范围为 $0.70 \sim 1.01 g/cm^3$,平均值为 $0.93 g/cm^3$。4 个矿床成矿流体均显示低密度特征(图 9-9、图 9-10),尤其是七宝山矿床的密度最低,其他矿区的密度基本一致(图 9-11)。

3. 压力与成矿深度(估算)

从流体压力与成矿深度估算分析,研究区的 4 个典型矿床中,七宝山主成矿阶段流体捕获压力为 $10.7 \sim 30.6 MPa$,主要集中于 $12 \sim 52 MPa$,平均捕获压力为 $29.8 MPa$;估算成矿深度 $1.2 \sim 5.2 km$,主要集中于 $3.0 \sim 3.5 km$,平均深度为 $2.11 km$,总体为中成矿深度。井冲主成

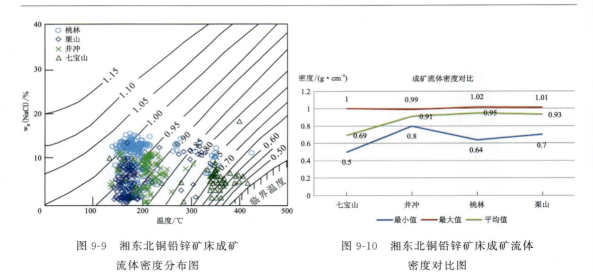

图 9-9 湘东北铜铅锌矿床成矿
流体密度分布图

图 9-10 湘东北铜铅锌矿床成矿流体
密度对比图

矿阶段流体捕获压力介于 10.7～30.6MPa 之间,主要集中于 19～24MPa,平均捕获压力为 19.4MPa;估算成矿深度范围 1.07～3.06km,主要集中于 1.8～2.4km,平均深度 1.95km,总体为浅成矿深度。桃林主成矿阶段流体捕获压力为 10.6～34.1MPa,主要集中于 18～22MPa,平均捕获压力为 19.7MPa;估算成矿深度范围 1.1～4.3km,主要集中于 1.8～2.2km,平均深度为 1.87km,总体形成于浅成环境。栗山主成矿阶段流体捕获压力范围为 9.3～24.9MPa,平均值为 13.9MPa;估算成矿深度范围为 0.93～2.49km,主要集中于 1.0～1.8km,平均深度为 1.53km,总体为:成矿压力逐步降低,估算的成矿深度范围逐步变浅(图 9-11、图 9-12)。

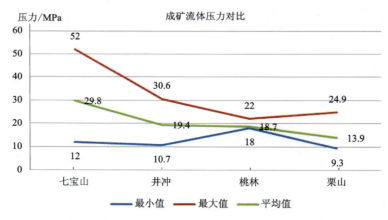

图 9-11 湘东北铜铅锌矿床成矿流体压力对比图

综上所述,七宝山铜(金)多金属矿尽管均一温度较高,但流体密度却相对较低;成矿流体密度相对最高的为桃林铅锌铜多金属矿,位于中间的则为栗山铅锌铜多金属矿、井冲铜钴铅锌多金属矿,且栗山铅锌铜多金属矿成矿流体的密度相对稍高。

此外,关于七宝山铜(金)多金属矿均一温度较高但密度相对较低的"反常"现象,内蒙古西山湾羊场火山岩银矿也呈现这样的特征(康明等,2017),张德会等(2001)以流体成矿"挥发

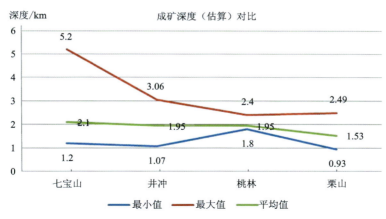

图 9-12 湘东北铜铅锌矿床成矿深度（估算）对比图

分搬运说"对此作出了解释,主要在热液系统的演化过程中,从岩浆中分离出的高盐度热液可能保存在深部,与成矿作用有关的是上升的低盐度蒸气,这种高压蒸气将深部大气水捕集上升是搬运足够数量金属所必须的;矿石的沉淀可能是因沸腾作用形成的,沸腾产生的原因是流体与更冷地下水的混合或与热液角砾岩化伴生的压力突降,并指出 Lepanto HS 矿床就表现为这种特征,在空间上高盐度和低盐度包裹体分离,矿床中上部只有低密度、低盐度包裹体,向更深部位流体包裹体的盐度增大(Hedenquist et al,1994;Arribas et al,1995)。

4. H-O 同位素

研究区的 4 个典型矿床的 H-O 同位素方面,对 H 同位素而言,尽管七宝山矿床缺乏 H 同位素比值约束,但桃林、栗山铅锌铜多金属矿和井冲铜钴铅锌多金属矿的 H 同位素比值主要集中于 $-80‰\sim-60‰$,与典型的岩浆热液的 $\delta D_{V\text{-}SMOW}$ 值($-80‰\sim-40‰$)(Taylor et al,1974)相一致,这说明上述矿床成矿流体的 H 同位素可能主要来源于岩浆热液(图 9-14)。而 O 同位素值则具有从七宝山矿床($\delta^{18}O_{H_2O}=9.45‰\sim11.3‰$,均值为 10.38‰)向井冲矿床($\delta^{18}O_{H_2O}$ 为 $-1.4‰\sim1.0‰$,均值 $-0.5‰$),再到桃林($\delta^{18}O_{H_2O}$ 为 $-3.1‰\sim-1.8‰$,均值为 $-2.6‰$)和栗山矿床($\delta^{18}O_{H_2O}$ 为 $-7.4‰\sim-6.4‰$,均值为 $-6.1‰$)逐渐降低,并向大气降水线逐渐靠近的趋势(图 9-13、图 9-14)。尽管七宝山矿床 H 同位素比值缺乏,但 O 同位素值距离岩浆水范围最近,仍表明其流体很有可能主要来自岩浆热液。

由此说明,相对于桃林和栗山铅锌铜多金属矿床,七宝山矿床和井冲矿床流体的 O 同位素值更加靠近岩浆水范围,显示主体以岩浆热液为主的特征,而桃林和栗山矿床则可能是早期以岩浆水为主,其后大气降水逐渐混入。该特征与 S 同位素结果较为一致,均显示了岩浆源的特征。由于桃林和栗山矿床处于断裂带附近,形成深度较浅,因此,成矿流体中或多或少的混入了大气降水,这应是氢-氧同位素组成向大气降水漂移的原因。

总体而言,七宝山铜(金)多金属矿床的成矿流体具有中高温、中低盐度、低密度特征,属于典型的 $NaCl-H_2O$ 体系,而井冲铜钴铅锌多金属矿床则显示中温、中低盐度、低密度的 $NaCl-H_2O$ 体系特征,桃林和栗山铅锌铜多金属矿床则显示了中低温、中低盐度、中低密度

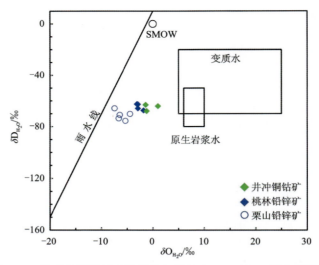

图 9-13　湘东北铜铅锌矿床流体包裹体 δD_{H_2O}-δO_{H_2O} 同位素图解

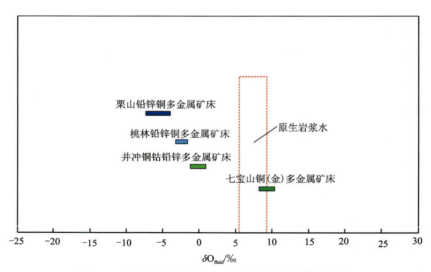

图 9-14　湘东北铜铅锌矿床流体包裹体氧同位素组成

特征。从矿床类型来看,七宝山斑岩-矽卡岩-热液脉型铜多金属矿床的均一温度明显高于井冲热液脉型铜钴铅锌多金属矿床,均高于桃林和栗山热液脉型铅锌铜多金属矿床,对应的成矿压力和成矿深度也呈降低趋势,这反映了区域成矿流体的渐变规律。

综上所述,成矿系统的流体性质,从单个铜铅锌多金属矿床的成矿流体性质来看,七宝山矿床成矿流体具有中高温、中低盐度、低密度特征,属于 NaCl-H_2O 体系;井冲矿床显示中温、中低盐度、低密度的 NaCl-H_2O 体系特征;桃林和栗山矿床则显示中低温、中低盐度、中低密度特征。从流体物理化学性质的整体情况来看,4 个矿床的均一温度总体现出高温和中低温 2 个阶段,代表 2 个温差较大的成矿环境;盐度总体为中低盐度,但桃林矿床相对较高,其次为井冲,栗山和七宝山的盐度更低且相一致;成矿流体均显示低密度特征,但七宝山矿床密度最低,其他基本一致;流体捕获压力和成矿深度估算结果显示,七宝山、井冲、桃林、栗山等 4 个矿区的成矿深度依次变小,估算的平均深度由约 2.11km 逐步降低至约 1.53km;4 个矿区成矿流体应属于 $NaCl-KCl-CaCl_2-H_2O$ 型。从成矿流体的 H-O 同位素趋势分析,七宝山矿床和井冲矿床流体的氧同位素值更加靠近岩浆水范围,显示主体以岩浆热液为主的特征;桃林和栗山铅锌铜矿床则可能是早期岩浆水为主,其后大气降水逐渐混入。结合流体包裹体及 H-O 同位素特征,尽管缺乏对七宝山斑岩阶段和矽卡岩阶段的流体性质佐证,但是发现有一点毋庸置疑,即早期阶段流体以岩浆热液为主。当上升到近地表的断裂、裂隙中,由于压力的释放,流体发生了沸腾作用。沸腾作用是诱发七宝山热液脉型矿体矿物质沉淀的主要因素。而井冲矿床成矿早期阶段,亦显示为沸腾作用,到了晚期阶段,大气降水的不断混入,流体混合作用也诱发了矿质沉淀。整体而言,七宝山和井冲矿床沸腾作用应该比较明显,大量的富液两相、富气两相包裹体共存现象也说明这一点。但是对于桃林和栗山热液脉型矿床,虽然有沸腾作用的发生,由于成矿深度较浅,大气降水混入的比例较多,更多的显示以混合作用诱发矿质沉淀为主,沸腾作用为辅。从矿床类型来看,七宝山斑岩-矽卡岩-热液脉型铜(金)多金属矿床的均一温度明显高于井冲热液脉型铜钴铅锌多金属矿床,均高于桃林和栗山热液脉型铅锌铜多金属矿床,对应的成矿压力和成矿深度也呈降低趋势。这反映了成矿流体随矿床类型及矿床出露位置由南东至北西侧变化而导致温度、盐度、压力、密度等物理化学条件及性质等多方面逐步协同演变的整体区域性规律。

三、能量与动力

本成矿系统的成矿流体在输运过程中,岩体在冷却散热过程中可与自身携带热液和周围受热的地下水发生广泛的水-岩反应,并导致围岩蚀变或成矿物质沉淀,从而形成矿床或蚀变-矿化网络。这种成矿热液强烈活动的热源直接来源于地下水深循环过程中的升温,其热源供给一般主要有地热梯度、岩浆烘烤、放射性元素蜕变,以及可能与高温火成热液混合。在本成矿系统中,成矿作用的能源应主要来自岩浆的热力驱动作用,尤其是岩浆岩侵位后逐步散热冷却过程中释放的热量与地表等温差,是驱动含矿热液上涌及循环流动的重要能量源泉。这种热量差也是成矿作用发生的巨大动力。

四、时间与空间

1. 成矿时代与成矿事件

根据本次研究,研究区的七宝山铜(金)多金属矿、井冲铜钴铅锌多金属矿、桃林铅锌铜多金属矿、栗山铅锌铜多金属矿等 4 个典型矿区的成岩成矿时代信息,详见表 9-5。其中,4 个矿区的岩浆岩结晶时代,从老至新分别为 838Ma、151Ma、150Ma、148Ma、138Ma、136Ma、132Ma 等 7 个时间段,对应于新元古代(838Ma±)、晚侏罗世(151～148Ma±)、早白垩世(139～132Ma±)等 3 个阶段,主要为晚侏罗世、早白垩世;4 个矿区的成矿时代,从老至新分别为 153Ma、135Ma、128Ma、88Ma,对应于晚侏罗世(153Ma±)、早白垩世(135～128Ma±)、晚白垩世(88Ma±)等 3 个阶段(图 9-16)。另有 1 个成矿后的萤石叠加成矿时代为(55.1±

6.0)Ma(MSWD=2.4)(作者另文发表),对应始新世,与区域地质调查中发现的大量热液锆石 LA-ICP-MS U-Pb 年龄(56.1±0.8)Ma(MSWD=1.6,N=9)一致(田洋等,2018),代表研究区存在一次始新世构造-热液活动引发的萤石叠加成矿作用事件,但是否与铜铅锌多金属成矿直接相关,尚不明确。

表 9-5 湘东北地区铜铅锌多金属矿床成岩成矿时代

矿床	成因类型	成岩时代/Ma	测试方法	数据来源	成矿时代/Ma	测试方法	数据来源
七宝山铜(金)多金属矿	斑岩型-矽卡岩型-热液脉型	151±1.9	锆石 LA-ICP-MS U-Pb	Yuan et al,2018	153±2.0	流体包裹体 Rb-Sr 等时线	胡俊良等,2017
		148±1.2	锆石 SIMS U-Pb		153±1.8	辉钼矿 Re-Os 等时线	Yuan et al,2018
井冲铜钴铅锌多金属矿	热液脉型	150	锆石 LA-ICP-MS U-Pb	本文	128	黄铁矿 Rb-Sr 等时线	本文
桃林铅锌铜多金属矿	热液脉型	136	锆石 LA-ICP-MS U-Pb	本文	135	闪锌矿 Rb-Sr 等时线	本文
栗山铅锌铜多金属矿	热液脉型	838	锆石 LA-ICP-MS U-Pb	本文	87	闪锌矿 Rb-Sr 等时线	本文
		138	锆石 LA-ICP-MS U-Pb	本文	89	萤石 Sm-Nd 等时线	徐德明等,2018
		132	锆石 LA-ICP-MS U-Pb	张鲲等,2017			

上述成岩成矿年代学综合信息表明,湘东北地区至少存在 3 次重要构造-岩浆活动与铜铅锌钴多金属成矿耦合过程(图 9-15),简述如下。

1)晚侏罗世(153Ma±)铜多金属成矿作用

根据七宝山铜(金)多金属矿床的成矿时代研究成果,含矿石英脉中的流体包裹体 Rb-Sr 等时线年龄为(153.4±2.0)Ma(MSWD=1.8),辉钼矿 Re-Os 等时线年龄为(152.7±1.7)Ma,均值约为 153Ma,代表矿区的成矿时代为晚侏罗世(表 9-6)。此外,七宝山矿床石英斑岩的成岩时代,锆石 LA-MC-ICP-MS U-Pb 定年及 SIMS U-Pb 定年获得的结果分别为(151.4±1.9)Ma(MSWD=0.96,N=14)、(147.2±1.2)Ma(MSWD=1.6,N=24),代表石英斑岩成岩时代也为晚侏罗世(表 9-6),并表明矿区成岩与成矿时代十分一致,指示矿区成矿作用过程与石英斑岩侵位过程密切相关,表明湘东北地区存在一次以七宝山矿床为代表的晚侏罗世(153Ma±)与岩浆岩侵入活动相关的铜多金属成矿作用事件。

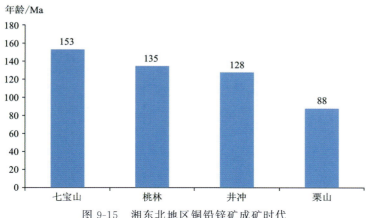

图 9-15 湘东北地区铜铅锌矿成矿时代

2)早白垩世(135~128Ma)铜铅锌多金属成矿作用

关于桃林铅锌铜多金属矿床的成矿时代,本文获得的闪锌矿单矿物 Rb-Sr 同位素等时线结果为(135±2.6)Ma(MSWD=0.95,初始 $^{87}Sr/^{86}Sr$ 值为 0.717 86±0.000 03),代表矿区闪锌矿形成时代,也指示桃林矿床的成矿时代为早白垩世(表 9-6)。此外,桃林矿区的黑云母二长花岗岩的成岩时代,本文的锆石 LA-ICP-MS U–Pb 年代学测试结果表明,17 颗岩浆锆石的 $^{206}Pb/^{238}U$ 年龄结果集中分布于 134~139Ma,加权平均值为(136±0.8)Ma(MSWD=1.8,N=17),代表黑云母二长花岗岩的结晶年龄对应于早白垩世(表 9-5)。这表明,桃林矿床的成矿时代与岩浆岩成岩时代一致,均为早白垩世。

关于井冲铜钴铅锌多金属矿床的成矿时代,本文获得的黄铁矿 Rb-Sr 同位素方法测试结果为(128±2.7)Ma(MSWD=2.0),初始 $^{87}Sr/^{86}Sr$ 值为 0.716 26±0.000 29,对应早白垩世(表 9-5)。此外,井冲矿区二云母二长花岗岩的成岩时代,锆石 LA-ICP-MS U–Pb 同位素年龄为(150±1.2)Ma(MSWD=0.48),代表成岩年龄为晚侏罗世(表 9-5)。前文已述,与井冲矿区具有相似成矿条件的相邻矿区横洞钴多金属矿,其白云母 Ar-Ar 法坪年龄结果为(130.3±1.4)Ma(MSWD=1.6),根据白云母的出露产状,认为该年龄可以代表横洞矿区成矿时代下限。由于成矿条件几乎一样,2 个成矿时代数据在误差范围内十分一致,因此印证了两个矿区成矿时代数据的可靠性,也代表两者均形成于早白垩世。由于成岩时代早于成矿时代约 20Ma,但基于矿床产出的地质特征,认为仍能代表井冲铜钴铅锌多金属矿的成矿时代。

综上,研究区存在一次以桃林、井冲矿床为代表的早白垩世(135~128Ma)铜钴铅锌多金属成矿作用,成矿过程与岩浆岩侵入活动相关。

3)晚白垩世(88Ma±)铅锌铜多金属成矿作用

关于栗山铅锌铜多金属矿区的成矿时代,本文的闪锌矿 Rb-Sr 同位素等时线年龄结果为(87.2±2.6)Ma(MSWD=6.0)(表 9-6),初始 $^{87}Sr/^{86}Sr$ 值为 0.722 77±0.000 29;徐德明等(2018)的萤石 Sm-Nd 同位素等时线测试结果为(88.9±2.4)Ma(MSWD=1.4),初始 $^{143}Nd/^{144}Nd$ 值为 0.512 058±0.000 005(表 9-6)。两者在误差范围内十分一致,且形成相互印证,代表栗山铅锌铜多金属矿形成于晚白垩世。此外,栗山矿区的岩浆岩成岩时代,本文获得的片麻状中细粒黑云母花岗闪长岩的锆石 LA-ICP-MS U-Pb 年龄为 (838 ± 5.6) Ma $(MSWD=3.2, N=21)$，对应于新元古代；细粒花岗闪长岩的锆石 LA-ICP-MS U-Pb 年龄为 (138 ± 0.8) Ma $(MSWD=1.0, N=15)$，对应于早白垩世；中细粒二云母花岗岩的锆石 LA-ICP-MS U-Pb 年龄为 (132 ± 1.1) Ma $(MSWD=2.3, N=17)$，也对应于早白垩世（表 9-5）。

由于矿区的矿体具有明显的最晚期岩浆成岩后再次充填成矿特征，加之矿区岩浆岩成岩时代至少早于成矿时代约 50Ma，表明本矿区的成矿作用与矿区岩浆侵位过程关联不大，判断栗山矿区为早白垩世岩浆侵位后与后期构造活动相关的晚白垩世充填成矿成因，具体构造活动可能与长-平断裂及其次级断裂在晚白垩世的再次运动相关。因此，湘东北地区存在一次以栗山矿床为代表，成矿作用与晚期构造活动相关的晚白垩世（88Ma±）铅锌铜多金属成矿事件。

2. 成矿作用时空结构

首先，4 个矿床的岩浆岩结晶时代，从老至新分别为 838Ma、151Ma、150Ma、148Ma、138Ma、136Ma、132Ma 等 7 个时间段，对应于新元古代（838Ma±）、晚侏罗世（151~148Ma±）、早白垩世（139~132Ma±）等 3 个阶段，即主要对应于晚侏罗世和早白垩世 2 个阶段。4 个矿床的成矿时代，从老至新分别为 153Ma、135Ma、128Ma、88Ma，对应于晚侏罗世（153Ma±）、早白垩世（135~128Ma±）、晚白垩世（88Ma±）3 个阶段。综合代表至少存在 3 次重要构造-岩浆活动与铜铅锌多金属成矿耦合过程，分别是以七宝山矿床为代表的晚侏罗世（153Ma±）铜多金属成矿作用，以桃林、井冲矿床为代表的早白垩世（135~128Ma±）铜钴铅锌多金属成矿作用，和以栗山矿床为代表的晚白垩世（88Ma±）铅锌铜多金属成矿作用。

其次，从成矿的序次分析，研究区的 3 次成矿作用事件，存在明显的先后更替关系，成矿的主要控制因素也逐步变化。第一次成矿作用是以七宝山矿床为代表的晚侏罗世（153Ma±）铜多金属成矿，成矿作用主要受同时期侵位的石英斑岩及活泼的碳酸盐围岩的共同作用；第二次成矿作用是以井冲矿床、桃林矿床为代表的早白垩世（135~128Ma）铜钴铅锌多金属成矿作用，成矿作用主要受研究区近同时侵位形成的连云山、幕阜山岩浆岩与 NNE、NE 向有利长-平、新宁-灰汤等深大断裂的活化活动，其中，构造活化活动的控矿作用较第一次成矿作用事件显得非常明显；第三次成矿作用则是以栗山矿床为代表的晚白垩世（88Ma±）铅锌铜多金属成矿作用，该次成矿事件，是在早期已经发生岩浆侵位的地区，因 NNE、NE 向长-平深大断裂的再次活动引发次级断裂并在矿区范围内形成良好构造空间，进而引起矿区含矿热液充填成矿。成矿过程与矿区的早期岩浆活动并无直接的联系，尽管成岩时代与第二次成矿事件是基本同步的。

再次，从成矿的空间分析，在太平洋板块自南东向北西方向长距离俯冲的背景下，研究区 4 个矿区的成矿元素，从南东方向向北西方向，呈现出以铜为主，逐步转变为以铅锌为主的区域元素变化规律，即七宝山铜（金）多金属矿—井冲铜钴铅锌多金属矿—桃林、栗山铅锌铜多金属矿；4 个矿区的燕山期岩浆岩，从南东方向向北西方向，随着成矿元素由铜多金属逐步转变为以铅锌为主，其成岩时代也展现出由老至新的逐步变化规律，即由 153Ma 左右最先成岩的七宝山石英斑岩，次为 149.5Ma 左右的井冲矿区连云山二云母二长花岗岩，以及 139~

132Ma左右的桃林、栗山矿区的幕阜山岩体。

五、成矿控制因素

1. 地层

前文已述研究区的地层分布,尽管志留系、奥陶系等部分中间地层缺失,但自前寒武纪至第四纪其他地层均有所出露,总体连续,并以大面积分布冷家溪群为显著特征。该地层出露面积约占研究区面积的60%,地层厚度可达25km。冷家溪群的岩性主要为一套灰色、灰绿色绢云母板岩、条带状板岩、粉砂质板岩与岩屑杂砂岩、凝灰质砂岩组成复理石韵律特征的浅变质岩系,局部地段夹有变基性—酸性火山岩系(湖南省地质调查院,2012),可分为易家桥组、潘家冲组、雷神庙组、黄浒洞组、小木坪组、大药菇组。

本文所研究的4个典型矿床,七宝山矿床的赋矿围岩除冷家溪群以外,主要还有中上石炭统壶天群白云岩等活泼碳酸盐岩;井冲铜钴铅锌多金属矿的赋矿围岩除冷家溪群以外,主要还有上古生界中上泥盆统跳马涧组砂质页岩、砾岩、板岩;桃林及栗山矿床,尽管矿区范围内不同程度出露震旦系硅质岩、硅质灰岩,寒武系碳质板岩、灰岩、白云岩,以及白垩系、古近系、新近系红色砾岩和第四系坡积层,但主要的赋矿地层还是冷家溪群(表9-6)。

根据吴俊等(2016)对七宝山矿区外围的普查报告,七宝山矿区的冷家溪群主要为第二岩性段和第三岩性段;颜志强等(2015)对桃林铅锌外围的普查报告及康博等(2015)、陈俊等(2008),桃林铅锌矿区外围的冷家溪群主要为第三岩性段,矿区范围主要为第四岩性段,即黄浒洞组;张鲲等(2015)明确指出栗山铅锌矿区的冷家溪群主要为第三岩性段;对井冲铜钴铅锌多金属矿,易祖水等(2008)没有明确指出矿区冷家溪群的具体岩性段,但从岩性描述推测,应主要为第二岩性段或第三岩性段。因此,湘东北地区铜铅锌多金属矿床的赋矿冷家溪群,应主要集中于第二、三、四岩性段,即潘家冲组、雷神庙组、黄浒洞组。

表9-6 湘东北地区铜铅锌多金属矿床赋矿地层分布

序号	矿区	主赋矿地层	其他赋矿地层
1	七宝山铜(金)多金属矿	新元古界青白口系冷家溪群海相浅变质岩,中上石炭统壶天群白云质灰岩、白云岩等	震旦系莲沱组浅变质砂岩、砂质板岩,下石炭统石英砾岩
2	井冲铜钴铅锌多金属矿	新元古界青白口系冷家溪群海相浅变质岩,上古生界中上泥盆统跳马涧组砂质页岩、砾岩、板岩	中新生界白垩系—古近系砾岩、砂岩等
3	桃林铅锌铜多金属矿	新元古界青白口系冷家溪群海相浅变质岩	震旦系硅质岩、硅质灰岩,寒武系碳质板岩、灰岩、白云岩,以及白垩系、古近系、新近系红色砾岩和第四系坡积层
4	栗山铅锌铜多金属矿	新元古界青白口系冷家溪群海相浅变质岩	白垩系砾岩、第四系坡积层

2. 构造

由于湘东北地区早期已形成东西向、北西向及北东向等构造，在太平洋板块向欧亚板块俯冲并导致强烈北北东向构造作用的背景下，湘东北地区形成了系列北北东向右形斜列断陷盆地与断裂隆起带，同时对北东向构造、东西向构造和北西向构造继承和复合改造，最终形成湘东北地区当前的"以东西向构造为基础、北（北）东向构造为主导、北西向构造为次"的NNE向"多"字形构造体系格架，包括NEE向大型走滑剪切断裂、广泛的陆内岩浆作用（许德如等，2017a）。因此，研究区的构造框架在早期以挤压为主，晚期发生强烈运动并改造、复合早先形成的一系列EW、NE向断裂以及NW向断裂带，并演化至形成当前的NNE向"多"字形构造体系及伴随着铜多金属成矿作用广泛发育。

本文所研究的4个典型铜铅锌多金属矿床，区域及矿区的构造地质特征表明，NNE—NE区域性深大断裂是研究区铜铅锌多金属矿床重要的控矿构造，如七宝山铜（金）多金属矿床，主要位于北东向、近东西向、北西向等3组断裂的交会部位；井冲铜钴铅锌多金属矿，位于北东向区域性多次活动的长-平深大断裂中；桃林铅锌铜多金属矿，同样主要位于北东向区域性多次活动的新宁-灰汤断裂带中；栗山铅锌铜多金属矿，则主要位于幕阜山岩体南侧与新元古界青白口系冷家溪群海相浅变质岩接触部位的南北向、北北东向、北北西向断裂中，该组断裂是长-平深大断裂的次级活动断裂。因此，NNE—NE长-平、新宁-灰汤区域性深大断裂是研究区铜铅锌多金属矿床的控矿断裂，对上述多金属矿床的形成控矿作用明显。

3. 岩浆岩

前文已述，研究区的岩浆岩分布，火山岩甚微，但侵入岩类较发育。侵入岩类出露广泛，主要可划分为新元古代、燕山期等，岩性主要以酸性岩为主，其次为中性岩、中酸性岩，基性—超基性岩类零星出露。新元古代岩浆岩主要包括张邦源、渭洞、罗里、梅仙、长三背、三墩、大围山、钟洞、张坊、葛藤岭、西园坑等，燕山期岩浆岩主要有幕阜山、金井、望湘、连云山、长乐街、蕉溪岭等以及七宝山石英斑岩等其他小岩体。

本文所研究的七宝山、井冲、桃林、栗山等4个矿床，岩石地球化学特征显示，花岗岩SiO_2含量为59.94%～74.27%；MgO含量为0.18%～1.92%，变化范围较大；CaO为0.29%～3.58%；全碱为3.08%～9.81%；Al_2O_3含量为13.76%～17.03%；铝饱和指数A/CNK为1.04～3.31。在硅钾图中主要为高钾钙碱性系列（图9-16a）；在A/CNK - A/NK图解中，属于弱过铝质到过铝质岩石，具有I型向S型过渡的特征（图9-16b）。稀土元素球粒陨石标准化配分图（图9-17a）均显示为右倾斜配分模式，富集轻稀土元素，亏损重稀土元素，轻重稀土元素分异强烈；Eu负异常不一致，可能在岩浆演化过程中，与斜长石、钾长石等矿物分离结晶相关。微量元素原始地幔标准化蛛网图显示富集大离子亲石元素等，亏损高场强元素，具有Th、U、K的富集峰，Nb、Ta、Sr、P、Ti的亏损谷等特征（图9-17b）。

在哈克图解中（图9-18），随着SiO_2含量的增加，TiO_2、FeO、MgO、CaO具有较好的线性关系，表明4个矿区的岩浆岩具有同源岩浆演化特征。在（Al_2O_3＋MgO＋$TFeO$＋TiO_2）－Al_2O_3/（MgO＋$TFeO$＋TiO_2）图解中（图9-19a），4个矿区花岗岩全部落在角闪岩熔融区域；

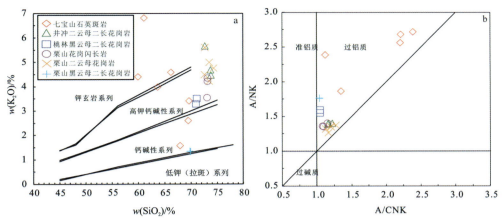

图 9-16　湘东北铜铅锌矿区花岗岩 SiO_2-K_2O 图解(a)与 A/CNK-A/NK 图(b)
(图 a 底图据 Peccerillo et al,1976,图 b 底图据文献 Maniar et al,1989)

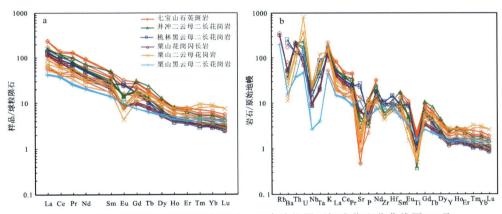

图 9-17　湘东北铜铅锌矿区花岗岩稀土元素球粒陨石标准化配分曲线图(a)及
微量元素原始地幔标准化蛛网图(b)(标准化数据据 Sun et al,1989)

在 $K_2O+Na_2O+MgO+TFeO+TiO_2-(K_2O+Na_2O)/(MgO+TFeO+TiO_2)$ 图解中(图 9-19b),桃林与七宝山矿区的岩浆岩投点主要落在角闪岩熔体区域,井冲与栗山矿区的岩浆岩投点主要落在变杂砂岩熔体区域。实验岩石学研究表明,地壳中基性岩类(玄武质成分)的部分熔融形成岩石化学成分为偏基性的准铝质花岗岩类(Sisson et al,2005),而角闪岩部分熔融形成的为偏中性熔体,由此造成的 CaO/Na_2O 比值相对较高,通常大于 0.3。由于 4 个矿区花岗岩的 CaO/Na_2O 介于 0.15～3.43 之间,绝大部分大于 0.3;同时结合微量元素具有富集 Th、U,亏损 Nb、Ta、Sr、P、Ti 等元素特征,表明源区可能为石榴子石+角闪石相。

由于与铜及铜多金属成矿有关的七宝山石英斑岩、井冲二云母二长花岗岩的形成时代为 151～148Ma,与铅锌、铜有关的岩浆岩形成时代主要为 139～131Ma,表明在成矿时代方面,早期岩浆岩的含矿性以铜多金属为主,晚期以铅锌多金属为主,成岩时代存在差异。其次,主量元素分析发现,与成矿有关的岩浆岩主要为高钾钙碱性过铝质到钾玄岩系列,稀土元素均呈现富集轻稀土,亏损重稀土特征,微量元素表现为亏损高场强元素,具有岛弧岩浆特征。不

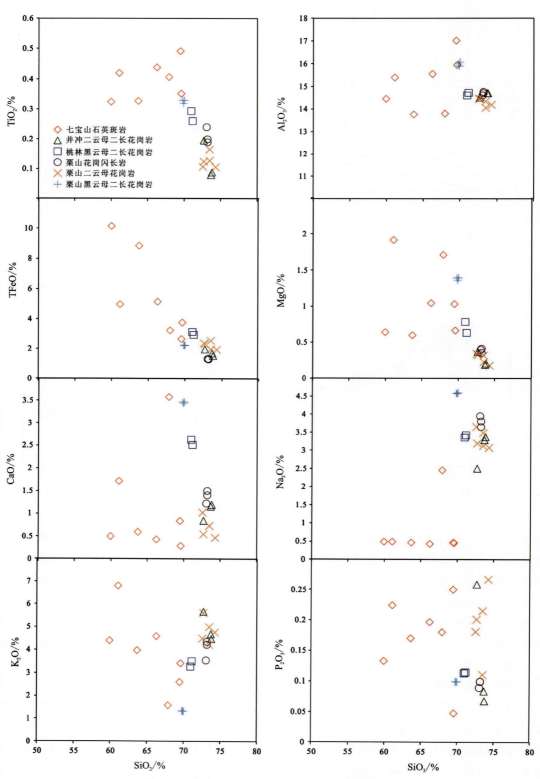

图 9-18 湘东北地区铜铅锌矿区花岗岩哈克图解

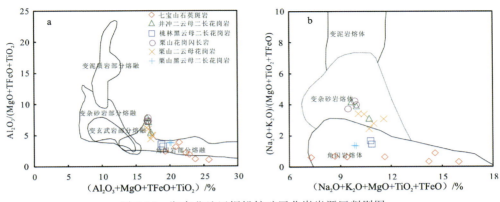

图 9-19 湘东北地区铜铅锌矿区花岗岩源区判别图

(底图据 Altherr et al,2002;Kaygusuz et al,2008)

同源区的花岗岩其锆石 Hf 同位素表现不同,一般而言,幔源岩浆锆石 Hf 同位素为正值,来自大陆地壳通常为负值(吴福元等,2007)。结合本次研究,不同矿区锆石 Hf 同位素特征(图 9-20),七宝山铜(金)多金属矿石英斑岩锆石 $\varepsilon_{Hf}(t)$ 值集中分布在 $-14.8 \sim -5.5$ 之间,井冲二云母二长花岗岩锆石 $\varepsilon_{Hf}(t)$ 值集中分布在 $-17.8 \sim -13$ 之间,桃林黑云母二长花岗岩 $\varepsilon_{Hf}(t)$ 值分布较为集中,介于 $-6.8 \sim -4.1$ 之间,栗山花岗闪长岩 $\varepsilon_{Hf}(t)$ 值集中分布在 $-10.5 \sim -5.2$ 之间,上述表明,不同矿区形成的花岗岩 Hf 同位素特征均为负值,集中在 $-10 \sim -4$ 区间内,从七宝山铜(金)多金属矿相关的石英斑岩—井冲铜钴铅锌多金属矿二云母二长花岗岩—桃林铅锌铜黑云母二长花岗岩—栗山花岗闪长岩、二云母花岗岩 $\varepsilon_{Hf}(t)$ 值逐渐变大趋势,表明形成不同的多金属矿床,岩浆源区可能是下地壳部分熔融产物,同时不同程度地混入幔源物质。

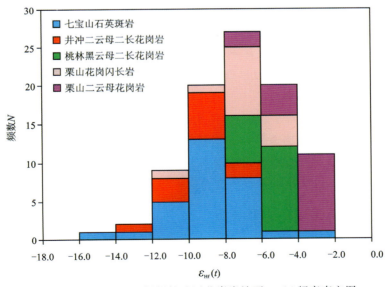

图 9-20 湘东北地区铜铅锌矿区花岗岩锆石 $\varepsilon_{Hf}(t)$ 频率直方图

综上所述，根据成矿地质背景和多金属矿床的矿床地质特征，认为研究区铜铅锌多金属的有利控矿地层主要为为新元古界青白口系冷家溪群，有利的含矿岩浆岩为燕山期侵位的中酸性岩浆岩，有利控矿构造主要为多次活动的 NE—NNE 向深大断裂。

第三节　成矿作用过程

一、成矿地质构造背景演化

潘桂棠等（2009）指出，湘东北地区所属的江南造山带的大地构造性质，在中—新元古代时期，由于华南洋向扬子地块俯冲，从而形成岛弧褶皱带或多岛弧盆系。

许德如等（2017a）系统梳理湘东北地区地质构造演化历史，认为区域构造演化可划分为新元古代基底形成和岩浆活动、加里东运动及古亚洲大陆形成、印支期造山作用及大陆边缘活动、燕山期构造转换与成矿作用等四大阶段。

（1）新元古代基底形成和岩浆活动阶段，研究区属于"江南古陆"位置，持续沉积了一套以陆屑复理石建造为主的岩系（冷家溪群）和活动性地槽向稳定性地槽过渡的陆源泥砂碎屑岩、海相硅质岩、碳酸盐岩夹火山岩沉积建造（板溪群、震旦系）；武陵运动后隆升为陆，并遭受区域变质作用。

（2）加里东运动及古亚洲大陆形成阶段，扬子与华夏地块在加里东运动期发生碰撞拼合（舒良树，2006；刘运黎等，2009；周小进，2009），初步形成连续统一的陆内海盆，奠定了古亚洲大陆的雏形。

（3）印支期造山作用及大陆边缘活动阶段，华南南部古特提斯洋闭合，扬子板块与华南陆块发生碰撞，形成强烈造山作用，研究区隆起成陆，海浸历史结束，进入大陆边缘活动阶段。

（4）燕山期构造转换与成矿作用阶段，主要表现为湘东北地区在早—中侏罗世由特提斯构造域向古太平洋构造域转变，由挤压作用为主逐步转变为伸展拉张环境，并在早白垩世基本完成并转变为新的板内裂谷拉张体制，发育强烈的岩浆活动（柏道远等，2007，2008；舒良树，2012），形成了湘东北地区从燕山早期剪切-走滑到燕山晚期伸展-滑脱的构造转折过程（贾大成等，2002a，2002b，2003）。

因此，湘东北地区铜铅锌成矿系统，总体上是在新元古代矿源层沉积、加里东期—印支期变质改造的基础上，在燕山期构造体制转换阶段集中发生的岩浆热液成矿过程（许德如等，2017a），这与邓腾（2018）开展的湘东北地区系列金矿的区域成矿作用特征及其成矿背景、成矿动力学认识是一致的，也暗示铜铅锌多金属成矿与金成矿的背景与过程是有相互关联的。

二、成矿过程及其地球动力学背景

陆内俯冲作用可以导致主滑脱俯冲带强烈应变，引起应力、热力作用，使与俯冲、仰冲相关地层和岩石中的成矿元素活化、迁移、富集，也使深部含矿热液等循环流体伴随逆冲推覆运动沿滑动面上升（葛良胜等，1997）。

研究区在印支期的陆内俯冲过程，导致碰撞挤压达到高峰时期，地壳加厚等多方面影响导致区域热异常增高并逐步达到顶峰,软流圈发生上涌,深部形成复杂的壳幔混合作用及多阶段岩浆作用(陈衍景等,1998),形成携带大量 H_2O、H_2S 及挥发分的岩浆热液成矿流体,在仰冲板片内发生与本区冷家溪群的多种物理化学反应,以及深源与浅源流体的混合、循环,不断活化、迁移 Cu、Pb、Zn、Co 等金属物质及络合物离子,在温差、压力差等巨大驱动力作用下,在减压扩容的长沙-平江、新宁-灰汤等系列 NNE、NE 深大断裂的多次活化活动中,沿断层活动面、构造破碎带及岩石中的孔隙等有利的构造空间内,向低压低温的浅部区域迁移,逐步上升运移至近地表处,之后,含矿的络合物在成矿体系温度、压力降低,pH 值改变等条件下,形成了不再平衡的热液体系,络合物稳定性被破坏,铜、铅、锌、钴等成矿元素在有利的成矿界面和物理化学环境下发生沉淀、富集成矿(贺转利等,2004)。

在此基础上,初步绘制出与研究区成矿系统相关的构造-岩浆活动与成矿动力学示意图(图 9-21)。

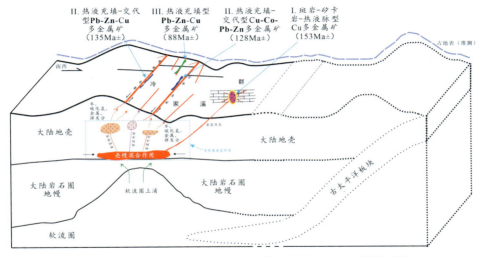

图 9-21 湘东北地区燕山期构造-岩浆活动与成矿动力学示意图

第四节 成矿产物

本成矿系统的作用产物,主要包括岩浆热液形成的各种铜铅锌多金属矿床、矿点和各类异常网络,它们在形成时间上有早有晚,形成规模有大有小,形成范围有宽有窄,在空间上组成了有序的结构。

形成的矿床产物,主要包括本文重点研究的七宝山铜(金)多金属矿、井冲铜钴铅锌多金属矿、桃林及栗山热液脉型铅锌铜多金属矿,以及研究区的横洞钴铜多金属矿、普乐铜钴多金属矿、龙王排钨钼多金属矿等其他重要矿床。由于成矿作用的连续性和差异性,根据成矿要素耦合差异和控矿因素的局部变异,该地区可以形成若干不同成因类型的矿床,或形成相似成因但不同元素组合的矿床。

形成的矿点产物,主要指在本成矿系统中已发现的有一定品位但尚不能工业利用的矿点或矿化点,在成矿系统与区域成矿学研究方面仍具有重要指示意义,如连云山岩体边长-平断裂带内规模更小的铜钴多金属矿点、幕阜山岩体边缘的铅锌多金属矿点等，数量较多，规模不大，暂不能利用，但随着供求关系变化、开发利用能力进一步提升后，有可能被继续开发利用。

形成的矿致异常及矿化-异常网络产物，主要是指在本成矿系统的形成过程中产生的各类地质、地球物理或地球化学异常及异常网络，可能是由矿物、岩石、元素、同位素、流体、构造引起的种种异常，也可能是成矿系统发生成矿元素集中浓集作用的附加成果。尽管经济意义短期不明显，但对于矿床学理论探讨、找矿目标圈定具有重要的应用价值。这些异常有的是矿体直接引起的，有的是在矿体或外围，由含矿流体水岩反应等引起的。

第五节 成矿后的变化

本成矿系统形成后的变化，主要是在白垩纪晚期，研究区先是发生断裂凹陷，沉积了大量的新生代地层，后又发生区域隆升，地表经过剥蚀作用，大量的侵入岩和部分矿床出露地表。此后，部分矿床经过地表的风化淋滤等作用，形成表生氧化蚀变，在浅部剥离处形成铁帽等，部分矿床的黄铜矿氧化成为孔雀石、铜蓝、赤铜矿、蓝铜矿等矿物，黄铁矿氧化形成褐铁矿、黄钾铁矾等，方铅矿被风化后变成白铅矿，闪锌矿形成菱锌矿等，常导致有用物质被淋滤流失，造成品位降低；有的在有力地形条件下则形成了二次富集带，如黄铜矿等矿石矿物在次生富集带形成的孔雀石、辉铜矿、铜蓝、黝铜矿等矿物，在有利地形环境下集中后容易形成二次富集，反而促进了这类矿体矿化品位提升，形成新的更高品位的矿体。

第六节 成矿模式

在古太平洋板块向西俯冲及其远程效益的宏观背景下，湘东北地区碰撞挤压构造背景逐步达到高峰时期，区域热异常增高也逐步达到顶峰，挤压体制开始转换为伸展体制，区域应力挤压逐步释放，发生软流圈上涌及深部岩浆活动，形成混合岩浆和热液流体，并通过各种复杂的物理化学反应及流体混合、循环等，不断活化、迁移环境中的Cu、Pb、Zn、Co等金属物质及络合物离子，形成富含H_2O、H_2S、挥发分及重要金属物质的岩浆热液流体，在温度差、压力差等巨大的驱动力作用下，随着减压扩容的长沙-平江、新宁-灰汤等系列NNE、NE深大断裂的多次活化活动，沿断层面、构造破碎带及岩石中的孔隙等有利构造空间，逐步向低温、低压的浅部区域发生侵位、迁移上升。

在此过程中继续与围岩持续发生物质交换、混合，萃取新的成矿物质，形成新的组分。随着含矿的络合物在成矿温度、压力降低，pH值等物理化学条件的改变，形成的热液体系不再平衡，络合物稳定性被破坏，Cu、Pb、Zn、Co等成矿元素在中酸性岩浆岩与活泼的碳酸盐岩接触带、岩浆岩与化学性质不甚活泼的围岩的断层破碎带等有利的成矿界面、容矿空间和降温、减压等有利的物理化学环境下发生沉淀成矿。

成矿的主要过程可概括为：在晚侏罗世（153Ma±）时期，发生以七宝山矿床为代表的晚侏罗世（153Ma±）与岩浆侵入活动相关的铜多金属成矿作用，成矿作用主要受同时期侵位的石英斑岩及活泼的碳酸盐围岩的共同作用；在早白垩世（135～128Ma±）发生以桃林铅锌铜多金属矿、井冲铜钴铅锌多金属矿为代表的早白垩世(135～128Ma±)铜钴铅锌多金属成矿作用,成矿作用主要受近同时侵位形成的连云山、幕阜山岩浆岩与 NNE、NE 向有利长沙-平江、新宁-灰汤等深大断裂的活化活动影响。其中,构造活化活动的控矿作用较第一次成矿作用事件更加明显,和以栗山矿床为代表的晚白垩世(88Ma±)铅锌铜多金属成矿作用,主要是在早期已经发生岩浆侵位的地区,因 NNE、NE 向长沙-平江深大断裂的再次活动引发次级断裂并在矿区范围内形成良好构造空间,进而引起矿区含矿热液充填成矿。成矿过程与矿区的早期岩浆活动应无直接的联系。

在此背景下,综合研究提出湘东北地区燕山期铜铅锌多金属矿区域成矿模式,如图 9-22。

第七节 找矿方向建议

详细开展区域成矿系统研究,可以进一步为区域找矿潜力提供咨询建议,也可以为进一步的矿产预测与找矿勘查工作提供科学依据,对发现新的矿床和探获新的矿产资源具有重要的实践意义。根据热液(水)成矿系统理论体系的指导,依据本次湘东北地区铜铅锌成矿系统研究成果,结合湘东北地区近年找矿工作实际进展,对研究区下一步找矿方向提出如下初步思考。

1. 岩浆热液充填-交代型铜铅锌多金属矿

本次研究表明,湘东北地区燕山期构造伸展背景下的岩浆热液充填-交代型铅-锌、钴、铜等多金属矿床的成矿潜力较大,如北东向新宁-灰汤深大断裂多期次伸展过程相关的桃林铅锌铜多金属矿,长沙-平江区域性深大断裂多期次伸展过程相关的井冲铜钴铅锌多金属矿、横洞钴矿等,以及长沙-平江大断裂的次级断裂伸展过程相关的栗山铅锌矿,它们形成了相似的成因类型,构成了岩浆热液成矿系统的重要组成部分。最近,Zappettini 等(2017)提出了与伸展构造有关的铅-锌等多种类型矿床的模式,提供了较好的理论指导。于得水等(2017)也指出湘东北地区铅-锌矿化与伸展断层构造密切相关,需要加大研究与找矿应用力度。由于湘东北地区该类型矿床的成矿条件较好,资源潜力较大,找矿前景较好,因此,需要更加重视燕山期伸展构造背景下的湘东北地区岩浆热液充填-交代型铜铅锌多金属矿床找矿,特别是寻找类似的构造条件,如金井岩体的北东向断裂也已发现与栗山矿床的类似构造及铅锌萤石矿化,分析其形成过程,评价成矿效益,分析资源潜力,进而实现重要有色金属等相关矿产资源的找矿新突破,不断巩固湘东北地区有色金属资源基地的地位。

2. 燕山期斑岩型铜钨等多金属矿

根据本次研究结果,湘东北地区存在壳幔熔融花岗岩相关的斑岩型-矽卡岩型-热液脉型铜多金属矿成矿作用。因此,斑岩型-矽卡岩型矿床勘查方向在本地区值得重视。近年来,在湘东北地区西侧的益阳市桃江县,发现了木瓜园钨多金属矿,成因类型应为斑岩型。此外,近年来,在江南造山带范围(图 9-23)先后发现了虎形山、香炉山、大湖塘、阳储岭、朱

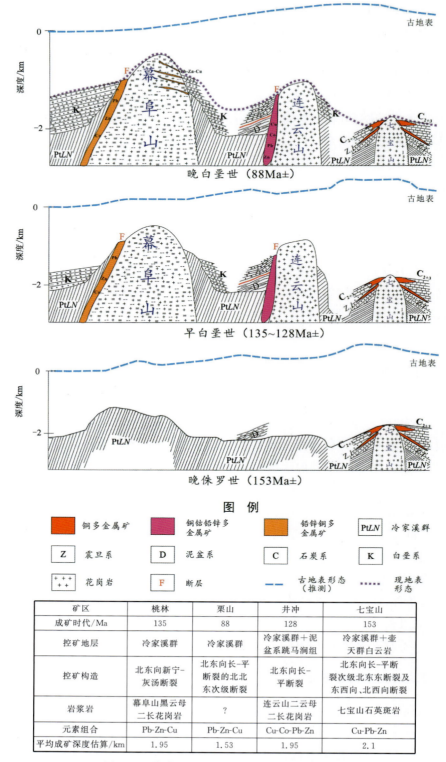

图 9-22 湘东北燕山期铜铅锌矿区域成矿模式

溪、东源、逍遥、竹溪岭、兰花岭、高家塝、潘家等大型—超大型斑岩型-矽卡岩型钨矿,构成一条北东延伸至浙西南,西南延伸至湘东北,整体跨越湘东北—赣西北—皖东南—浙西南一带的钨矿带(jiangnan porphyry-skarn tungsten belt,JNB)(陕亮等,2017)。由于木瓜园钨矿区位于JNB经湘东北地区继续西南延伸方向,因此,湘东北地区是否具有JNB中大湖塘、朱溪等类似大型—超大型斑岩型-矽卡岩型钨矿的成矿潜力与找矿前景,应引起重视。经笔者相关研究,木瓜园钨矿含矿斑岩的成岩时代为(226.2±2.0)Ma(MSWD=0.65,N=17;锆石LA-ICP-MS U-Pb),成矿时代为(222.96±0.96)Ma(MSWD=1.08,N=5;辉钼矿Re-Os等时线)(陕亮等,2019),表明成岩成矿具有对应关系,均为晚三叠世,属于印支期。但是,木瓜园与北东向钨矿带的成岩成矿集中于燕山期的一致规律并不对应(图9-24)。结合区域地质背景,推测该钨矿带西南方向应不超过湘东北地区,一方面为勾勒该钨矿带西南边界范围提供了新的参考,另一方面表明湘东北地区仍有寻找斑岩型-矽卡岩型钨多金属矿的前景。近年在湘东北地区的地质矿产调查工作中,在桃江县修山镇、武宁县东坪村、通山县朱冲颈等地区先后发现修山、白岩村、东坪北、朱冲颈等钨矿点,邻区武宁县也已发现东坪钨矿,综合判断,湘东北地区值得进一步部署后续钨矿找矿工作。因此,需要更加重视湘东北地区的燕山期斑岩型金属矿床找矿,主攻矿种可扩展到钨等多种金属矿产。

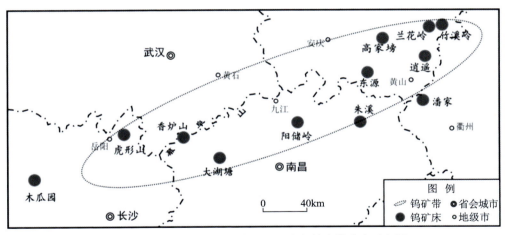

图9-23 湘东北—赣西北—皖东南—浙西南地区北东向钨矿带分布示意图(据陕亮等,2019)

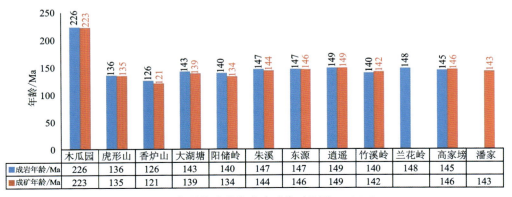

图9-24 JNB典型钨矿成岩成矿时代对比图(据陕亮等,2019)

结 论

以区域成矿学为指导,以湘东北地区铜铅锌多金属矿成矿作用为研究重点,以七宝山铜(金)多金属矿、井冲铜钴铅锌多金属矿、桃林铅锌铜多金属矿、栗山铅锌铜多金属矿等4个典型矿床为研究对象,通过解剖矿床地质特征,研究成岩成矿时代,分析成矿物质来源与成矿流体性质等,探讨区域成矿作用与成矿规律,总结成矿模式,并提出了下一步找矿方向,服务下一步矿产勘查部署。研究主要取得以下结论:

(1)七宝山斑岩型-矽卡岩型-热液脉型铜多金属矿床的成岩成矿时代均为晚侏罗世(153Ma±)。成矿流体高温、中低盐度、低密度特征。估算中等成矿深度。成矿流体和成矿物质主要源于岩浆热液。

(2)井冲热液脉型铜钴铅锌多金属矿床成矿岩浆岩的结晶年龄为(150±1.2)Ma,成矿时代为(128±2.7)Ma,分别对应晚侏罗世、早白垩世。成矿流体中低温、中等盐度、低密度。估算浅成矿深度。成矿流体来源主要为岩浆水,但含有大气降水的混入;成矿物质来源主要为岩浆岩,但含有地层物质的混入。

(3)桃林热液脉型铅锌铜多金属矿床成矿岩浆岩的结晶年龄为(136±0.8)Ma,成矿时代为(135±2.6)Ma,均对应早白垩世。成矿流体低温、中低盐度、低密度。估算浅成成矿深度。成矿流体为岩浆水与大气降水的混合流体。成矿物质来源于岩浆岩,但混有一定量的地壳物质。栗山热液脉型铅锌铜多金属矿床的岩浆岩成岩时代主要为早白垩世,但成矿时代为(88±2.6)Ma,对应晚白垩世。成矿流体低温、中低盐度、中低密度。估算浅成成矿深度。成矿流体为岩浆水与大气降水的混合流体。成矿物质主要来自深源岩浆源区,但可能在岩浆上升的过程中混入了少量的围岩地层成分。

(4)湘东北地区铜铅锌成矿是与燕山期岩浆侵入活动相关的岩浆热液成矿系统,并可进一步划分为斑岩-矽卡岩-热液脉型铜多金属成矿子系统、岩浆-热液充填-交代型铜钴铅锌多金属成矿子系统、岩浆-热液充填型铅锌铜多金属成矿子系统。成矿系统与成矿有关的岩浆活动主要在151~148Ma、138~132Ma等两个时期形成;成矿事件由早到晚依次发生晚侏罗世(153Ma±)、早白垩世(135~128Ma±)、晚白垩世(88Ma±)等3次铜铅锌钴多金属成矿作用。成矿系统的物质来源主要为深部岩浆岩,但岩浆源区不同程度加入了上地壳物质。成矿流体可划分为高温、中低盐度、低密度的岩浆热液体系,中温、中低盐度、低密度岩浆热液体系和中低温、中低盐度、中低密度的岩浆热液与大气降水混合体系等3个类型。矿床的成因可划分为斑岩型-矽卡岩型-热液脉型铜多金属矿、热液脉型铜钴铅锌多金属矿、热液脉型铅锌铜多金属矿等3个类型,并总结提出了湘东北地区燕山期铜铅锌多金属区域成矿模式。

（5）从南东至北西，湘东北铜铅锌多金属成矿系统具有一定的演变规律，主要变现为含矿岩浆成岩时代由老变新，成矿时代总体由老变新；成矿元素以铜多金属为主逐渐转变为以铅锌为主；成矿作用关键控制因素由以中酸性岩浆岩与活泼碳酸盐岩的接触带构造，逐步转变为中酸性岩浆岩与大规模断层活动的耦合关系，并进一步转变为以岩浆期后断裂的后期叠加活化控制为主。

主要参考文献

柏道远,黄建中,李金冬,等,2007. 华南中生代构造演化过程的多地质要素约束:湘东南及湘粤赣边区中生代地质研究的启示[J]. 大地构造与成矿学,31(1):1-13.

柏道远,贾宝华,刘伟,等,2010. 湖南城步火成岩锆石 SHRIMP U-Pb 年龄及其对江南造山带新元古代构造演化的约束[J]. 地质学报,84(12):1715-1726.

柏道远,李建清,周柯军,等,2008. 祁阳山字型构造质疑[J]. 大地构造与成矿学,32(3):265-275.

蔡应雄,杨红梅,段瑞春,等,2014. 湘西-黔东下寒武统铅锌矿床流体包裹体和硫、铅、碳同位素地球化学特征[J]. 现代地质,28(1):29-41.

曹亮,段其发,彭三国,等,2017. 湘西地区铅锌矿成矿物质来源:来自 S、Pb 同位素的证据[J]. 地质通报,36(5):834-845.

曹兴男,1987. 湖南七宝山多金属矿床控矿构造及成矿预测[J]. 地质与勘探,17-21.

陈柏林,董法先,李中坚,1999. 韧性剪切带型金矿成矿模式[J]. 地质论评,45(2):186-192.

陈俊,何江南,贺春平,等,2008. 1:5 万陆城幅、赵李桥幅、临湘县幅、横溪幅区域地质调查报告[R]. 长沙:湖南省地质调查院:128-140.

陈蓉美,1985. 湖南浏阳七宝山多金属矿床伴生金特征研究[J]. 中南矿冶学院学报,45(8):78-83.

陈衍景,1998. 影响碰撞造山成岩成矿模式的因素及其机制[J]. 地学前缘,5(增刊):109-118.

陈衍景,2006. 造山型矿床、成矿模式及找矿潜力[J]. 中国地质,33(6):1181-1196.

陈毓川,1994. 矿床的成矿系列[J]. 地学前缘,1(3-4):90-94.

陈毓川,1997. 矿床的成矿系列研究现状与趋势[J]. 地质与勘探,11(1):21-25.

陈毓川,裴荣富,王登红,2006. 三论矿床的成矿系列问题[J]. 地质学报,80(10):1501-1508.

陈毓川,王登红,徐志刚,等,2014. 华南区域成矿和中生代岩浆成矿规律[J]. 大地构造与成矿学,38(2):219-229.

程裕淇,陈毓川,赵一鸣,1979. 初论矿床的成矿系列问题[J]. 中国地质科学院院报,1(1):32-58.

程裕淇,陈毓川,赵一鸣,等,1983. 再论矿床的成矿系列问题[J]. 中国地质科学院院报,

主要参考文献

1-50.

邓腾,2018.湘东北地区陆内构造-岩浆活化及其对金成矿作用的控制[D].北京:中国科学院.

邓腾,许德如,陈根文,等,2015.湘东北连云山岩体地球化学特征及其构造地质学意义[J].吉林大学学报,45(增刊1):20-26.

杜安道,何红蓼,殷宁万,等,1994.辉钼矿的 Re-Qs 同位素地质年龄测定方法研究[J].地质学报,68(4):339-347.

丰成友,张德全,2002.世界钴矿资源及其研究进展述评[J].地质论评,48(6):627-633.

丰成友,张德全,党兴彦,2004.中国钴资源及其开发利用概况[J].矿床地质,23(1):93-100.

符巩固,1998.七宝山"铁帽型"与"铁锰黑土型"金银矿异同初探[J].湖南地质,17(4):246-250,260.

符巩固,2001.浏阳市普乐钴多金属矿床地质特征及找矿标志[J].湖南地质,20(4):265-266.

符巩固,许德如,陈广浩,等,2002.湘东北地区金成矿地质特征及找矿新进展[J].大地构造与成矿学,26(4):416-422.

付建明,马昌前,谢才富,等,2005.湖南九嶷山复式花岗岩体 SHRIMP 锆石定年及其地质意义[J].大地构造与成矿学,28(4):370-378.

付建明,马昌前,谢才富,等,2005.湖南骑田岭岩体东缘菜岭岩体的锆石 SHRIMP 定年及其意义[J].中国地质,33(1):96-100.

傅昭仁,李先福,李德威,1991.不同样式的剥离断层控矿研究[J].地球科学,16(6):627-634.

傅昭仁,李紫金,郑大瑜,1999.湘赣边区 NNE 向走滑造山带构造发展样式[J].地学前缘,6(4):263-272.

高林志,陈峻,丁孝忠,等,2011.湘东北岳阳地区冷家溪群和板溪群凝灰岩 SHRIMP 锆石 U-Pb 年龄:对武陵运动的制约[J].地质通报,30(7):1001-1008.

高林志,丁孝忠,曹茜,等,2010.中国晚前寒武纪年表和年代地层序列[J].中国地质,37(4):1014-1019.

葛良胜,郭晓东,邹依林,1997.川西南陆内俯冲造山带地质特征及金成矿作用[J].贵金属地质,7(1):32-42.

顾雪祥,董连慧,彭义伟,等,2016.新疆西天山吐拉苏火山岩盆地浅成低温热液-斑岩型金多金属成矿系统的形成与演化[J].岩石学报,32(5):1283-1300.

顾雪祥,章永梅,彭义伟,等,2014.西天山博罗科努成矿带与侵入岩有关的铁铜钼多金属成矿系统:成岩成矿地球化学与构造-岩浆演化[J].岩石学报,21(5):156-175.

郭飞,王智琳,许德如,等,2018.湘东北地区栗山铅锌铜多金属矿床的成因探讨:来自矿床地质、矿物学和硫同位素的证据[J].南京大学学报(自然科学),54(2):366-385.

郭峰,范蔚茗,林舸,等,1997.湖南道县辉长岩包体的年代学研究及成因探讨[J].科学通报,42(15):1661-1665.

韩公亮,何泗威,孙敏云,等,1985.湖南浏阳七宝山多金属矿床的金银矿物及其形成条件[J].矿物岩石,6(1):97-104.

何泗威,1986.七宝山多金属矿床矿石特征和有用元素研究[J].地质与勘探,22(3):28-35.

何泗威,1993.七宝山多金属矿床中的硫碲铋矿[J].湖南地质,12(1):43-45.

何泗威,韩公亮,孙敏云,等,1985.湖南七宝山多金属矿床中分散元素的初步研究[J].地质论评,31(2):143-148.

贺转利,许德如,陈广浩,等,2004.湘东北燕山期陆内碰撞造山带金多金属成矿地球化学[J].矿床地质,23(1):39-51.

侯增谦,李红阳,1998.试论幔柱构造与成矿系统:以三江特提斯成矿域为例[J].矿床地质,17(2):97-113.

胡俊良,陈娇霞,徐德明,等,2017.湘东北七宝山铜(金)多金属矿床成矿时代及成矿物质来源:石英脉 Rb-Sr 定年和 S-Pb 同位素组成[J].地质通报,36(5):857-866.

胡俊良,徐德明,张鲲,2012.湖南七宝山石英斑岩地球化学特征及其与成矿的关系[J].华南地质与矿产,28(4):298-306.

胡俊良,徐德明,张鲲,2015.湖南七宝山矿床石英斑岩锆石 U-Pb 定年及 Hf 同位素地球化学[J].华南地质与矿产,31(3),236-245.

胡俊良,徐德明,张鲲,等,2016.湖南七宝山铜(金)多金属矿床石英斑岩时代与成因:锆石 U-Pb 定年及 Hf 同位素与稀土元素证据[J].大地构造与成矿学,40(6):1185-1199.

胡祥昭,彭恩生,孙振家,2000.湘东北七宝山铜(金)多金属矿床地质特征及成因探讨[J].大地构造与成矿学,24(4):365-370.

胡祥昭,肖宪国,杨中宝,2002.七宝山花岗斑岩的地质地球化学特征[J].大地构造与成矿学,32(6):551-554.

胡祥昭,杨中宝,2003.浏阳七宝山铜(金)多金属矿床成矿流体演化与成矿的关系[J].地质与勘探,39(5):22-25.

湖南省地质调查院,2002.1:25 万长沙市幅区域地质调查报告[R].长沙:湖南省地质调查院:1-78.

湖南省地质调查院,2004.1:5 万泮春-官渡幅区域地质调查报告[R].长沙:湖南省地质调查院:12-95.

湖南省地质局 402 地质队,1977.1:200 000 平江幅区域地质调查报告[R].浏阳:湖南省地质局 402 地质队:10-98.

湖南省地质矿产局 402 地质队,1988.1:50 000 虹桥幅区域地质调查报告[R].浏阳:湖南省地质局 402 地质队:1-85.

湖南省地质局区调队,1978.1:5 万金井幅区域地质调查报告[R].长沙:湖南省地质局区调队:1-104.

湖南省地质局区调队,1979.湘东北地区构造体系及其控岩控矿特征[R].长沙:湖南省地质局区调队:1-32.

湖南省地质矿产局,1988.湖南区域地质志[M].北京:地质出版社.

湖南省地质研究所,1995.湖南花岗岩单元—超单元划分及其成矿专属性[J].湖南地质,8:1-59.

贾大成,胡瑞忠,2002a.湘东北燕山晚期花岗岩构造环境判别[J].地质地球化学.30(2):10-14.

贾大成,胡瑞忠,谢桂青,2002b.湘东北中生代基性岩脉微量元素地球化学特征及岩石成因[J].地质地球化学,30(3):33-39.

贾大成,胡瑞忠,赵军红,等,2003.湘东北中生代望湘花岗岩体岩石地球化学特征及其构造环境[J].地质学报,77(1):98-103.

蒋成兴,卢映祥,陈永清,等,2013.滇西南芦子园超大型铅锌多金属矿床成矿模式与综合找矿模型[J].地质通报,32(11):1932-1844.

康博,颜志强,高卓龙,2014.湖南省平江县栗山矿区小洞矿段铅锌铜多金属矿详查报告[R].长沙:湖南省地质矿产勘查开发局402队:1-45.

康博,颜志强,李恋宇,2015.湖南省临湘市桃林铅锌矿成矿模式及找矿标志[J].资源环境与工程,29(2):160-165.

康明,王璐阳,朱雪峰,等,2017.内蒙古西山湾羊场火山岩银矿床流体包裹体研究[J].岩石学报,33(1):148-162.

黎定煊,1992.湖南浏阳七宝山铜-多金属矿原(次)生晕的基本特征[J].四川建材学院学报,7(4):78-84.

李俊健,2006.内蒙古阿拉善地块区域成矿系统[D].北京:中国地质大学(北京).

李龙,郑永飞,周建波,2001.中国大陆地壳铅同位素演化的动力学模型[J].岩石学报,17(1):61-68.

李鹏,李建康,裴荣富,等,2017.幕阜山复式花岗岩体多期次演化与白垩纪稀有金属成矿高峰:年代学依据[J].地球科学,42(10):1684-1696.

李鹏春,2006.湘东北地区显生宙花岗岩岩浆作用及其演化规律[D].北京:中国科学院.

李人澍,1996.成矿系统分析的理论与实践[M].北京:地质出版社.

李文博,黄智龙,王银喜,等,2004.会泽超大型铅锌矿田方解石 Sm-Nd 等时线年龄及其地质意义[J].地质论评,50(2):189-195.

李先福,1992.湖南桃林与剥离断层有关的铅锌及萤石矿化作用[J].现代地质,6(1):46-54.

李先富,余研,1991.湖南桃林幕阜山地洼期变质核杂岩及剥离断层有关的铅锌矿化作用[J].大地构造与成矿,15(2):90-99.

李献华,胡瑞忠,饶冰,1997.粤北白垩纪基性岩脉的年代学和地球化学[J].地球化学,26(2):14-31.

李紫金,傅昭仁,李建威,1998.湘赣边区NNE向走滑断裂流体铀成矿动力学分析[J].现代地质,12(4):522-531.

梁荣桂,赵忠伟,1983.浏阳县七宝山黑土型金银矿床金银赋存状态及成矿机理探讨[J].湖南地质,2(1):31-38.

刘姤群,金维群,张录秀,等,2001.湘东北斑岩型和热液脉型铜矿成矿物质来源探讨[J].华南地质与矿产,17(1):40-47.

刘建明,张锐,张庆洲,2004.大兴安岭地区的区域成矿特征[J].地学前缘,11(1):270-277.

刘萌,王智琳,许德如,等,2018.湖南井冲钴铜多金属矿床绿泥石、黄铁矿和黄铜矿的矿物学特征及其成矿指示意义[J].大地构造与成矿学,42(5):862-879.

刘善宝,刘战庆,王成辉,等,2017.赣东北朱溪超大型钨矿床中白钨矿的稀土、微量元素地球化学特征及其Sm-Nd定年[J].地学前缘,24(5):17-30.

刘翔,周芳春,黄志飚,等,2018.湖南平江县仁里超大型伟晶岩型铌钽多金属矿床的发现及其意义[J].大地构造与成矿学,42(2):235-243.

刘运黎,周小进,廖宗庭,等,2009.华南加里东期相关地块及其汇聚过程探讨[J].石油实验地质,31(1):19-25.

卢映祥,刘洪光,黄静宁,等,2009.东南亚中南半岛成矿带初步划分与区域成矿特征[J].地质通报,314-325.

陆玉梅,殷浩然,沈瑞锦,1984.七宝山多金属矿床成因模式[J].矿床地质,3(4):53-60.

路远发,2004.Geokit:一个用VBA构建的地球化学工具软件包[J].地球化学,33(5):459-465.

马铁球,柏道远,邝军,等,2006.湘东南茶陵地区锡田岩体锆石SHRIMP定年及其地质意义[J].地质通报,24(5):415-419.

毛景文,陈懋弘,袁顺达,2011.华南地区钦杭成矿带地质特征和矿床时空分布规律[J].地质学报,85(5):636-658.

毛景文,谢桂青,郭春丽,等,2008.南岭地区大规模钨锡多金属成矿作用:成矿时限及地球动力学背景[J].岩石学报,23(10):2329-2338.

聂凤军,江思宏,刘妍,等,2002.阿拉善东七一山大型萤石矿床萤石钐-钕同位素年龄及地质意义[J].矿床地质,21(1):10-15.

宁钧陶,2002.湘东北原生钴矿成矿地质条件分析[J].湖南地质,21(3):192-200.

宁钧陶,易祖水,尹樱,2008.湖南省平江县瑚珮-栗山矿区铜铅锌多金属矿普查报告[R].长沙:湖南省地质矿产勘查开发局402队:1-40.

牛志军,龙文国,2015.《鄂东—湘东北地区地质矿产调查》项目实施方案(2016—2018年)[R].武汉:中国地质调查局武汉地质调查中心:1-278.

牛志军,龙文国,2016.江南造山带桂北-湘东北地区地质矿产调查可行性报告[R].武汉:中国地质调查局武汉地质调查中心:1-92.

潘桂棠,肖庆辉,陆松年,等,2009.中国大地构造单元划分[J].中国地质,36(1):1-28.

潘彤,2003.我国钴矿矿产资源及其成矿作用[J].矿产与地质,17(4):516-518.

潘彤,2005.东昆仑成矿带钴矿成矿系列研究[D].长春:吉林大学.

主要参考文献

彭和求,贾宝华,唐晓珊,2004.湘东北望湘岩体的热年代学与幕阜山隆升[J].地质科技情报,23(1):11-15.

彭建堂,胡瑞忠,蒋国豪,2003.萤石Sm-Nd同位素体系对晴隆锑矿床成矿时代和物源的制约[J].岩石学报,19(4):785-791.

饶家荣,王纪恒,曹一中,1993.湖南深部构造[J].湖南地质(增刊),1-100.

芮宗瑶,侯增谦,李光明,等,2006.冈底斯斑岩铜矿成矿模式[J].地质论评,52(4):459-466.

芮宗瑶,王龙生,王义天,2002.成矿系统的始态、终态及其过程[J].矿床地质,21(2):137-148.

陕亮,黄啸坤,王川,等,2022.湘东北地区井冲钴铜矿床中辉砷钴矿的发现、成因及开发利用价值[J].中国地质,49(5):1705-1707.

陕亮,柯贤忠,庞迎春,等,2017.湘东北栗山地区新元古代岩浆活动及其地质意义:锆石U-Pb年代学、Lu-Hf同位素证据[J].地质科技情报,36(6):32-42.

陕亮,庞迎春,柯贤忠,等,2019.湖南省东北部地区桃江县木瓜园钨多金属矿成岩成矿时代及其对区域成矿作用的启示[J].地质科技情报,38(1):100-112.

陕亮,郑有业,许荣科,等,2009.硫同位素示踪与热液成矿作用研究[J].地质与资源,18(3):197-203.

沈渭洲,1987.稳定同位素地球化学[M].北京:原子能出版社.

盛兴土,刘祥善,1989.七宝山铁帽型金(银)矿床中的角银矿[J].矿物岩石,10(5):10-13.

石红才,施小斌,杨小秋,等,2013.江南隆起带幕阜山岩体新生代剥蚀冷却的低温热年代学证据[J].地球物理学报,56(6):1945-1957.

舒良树,2006.华南前泥盆纪构造演化:从华夏地块到加里东期造山带[J].高校地质学报,12(4):418-431.

舒良树,2012.华南构造演化的基本特征[J].地质通报,31(7):1035-1053.

水涛,1987.中国东南大陆基底构造格局[J].中国科学(D辑)(4):414-422.

孙丰月,金魏,李碧乐,等,2000.关于脉状热液金矿床成矿深度的思考[J].长春科技大学学报,30(增刊):27-29.

孙海清,黄健中,郭乐群,等,2012.湖南冷家溪群划分及同位素年龄约束[J].华南地质与矿产,28(1):20-26.

孙景贵,胡受奚,赵懿英,等,2000.初论胶东地区金矿成矿模式[J].矿床地质,19(1):26-36.

孙敏云,韩公亮,何泗威,等,1985.湖南浏阳七宝山多金属矿床中的辉碲铋矿[J].矿物学报,5(1):76-79.

谭汉光,1993.桃林铅锌矿成因及找矿方向的探讨[J].矿山地质,14(4):166-171.

汤中立,1990.金川硫化铜镍矿床成矿模式[J].现代地质,4(4):55-64.

童潜明,1998.浅析湘东北地区形成大型金铜多金属矿的条件及下一步工作意见[J].湖南地质,17(1):19-22,44.

童潜明,潘莉,张建平,2008.湘东北有色、贵金属矿产成矿条件和成矿预测新思路[J].国土资源导刊,5(4):23-26.

王立强,顾雪祥,程文斌,等,2010.西藏蒙亚阿铅锌矿床S、Pb同位素组成及对成矿物质来源的示踪[J].现代地质,24(1):52-58.

王勤,唐菊兴,陈毓川,等,2019.西藏多龙超大型铜(金)矿集区成矿模式与找矿方向[J].岩石学报,35(3):879-896.

王卿铎,丁碧英,李石锦,等,1978.湖南桃林铅锌矿成矿温度特征及成矿预测初步研究[J].中南矿冶学院学报,72-86.

王育民,1958.桃林裂隙填充型铅锌矿的成因[J].地质论评,18(4):261-271.

王云峰,杨红梅,2016.金属硫化物矿床的成矿热液硫同位素示踪[J].地球科学进展,31(6):595-602.

王云峰,杨红梅,张利国,等,2017.湘东南铜山岭铅锌多金属矿床成矿时代与成矿物质来源:Sm-Nd等时线年龄和Pb同位素证据[J].地质通报,36(5):875-884.

王治华,葛良胜,郭晓东,等,2012.云南马厂箐矿田浅成低温热液-斑岩型Cu-Mo-Au多金属成矿系统[J].岩石学报,28(5):1425-1437.

王智琳,许德如,邹凤辉,等,2015.湘东北井冲铜钴多金属矿成矿流体氦氩同位素示踪[J].矿物学报,45(z1):68.

魏家秀,丁悌平,1984.桃林铅锌矿床流体包裹体及稳定同位素研究[J].矿物岩石地球化学通讯(2):40-48.

文春华,陈剑锋,罗小亚,等,2016.湘东北传梓源稀有金属花岗伟晶岩地球化学特征[J].矿物岩石地球化学通报,35(1):171-177.

文志林,邓腾,董国军,等,2016.湘东北万古金矿床控矿构造特征与控矿规律研究[J].大地构造与成矿学,40(2):281-294.

吴福元,李献华,郑永飞,等,2007.Lu-Hf同位素体系及其岩石学应用[J].岩石学报,23(2):185-220.

吴俊,刘俊,2016.湖南省浏阳市七宝山矿区边深部金铜多金属矿普查报告[R].长沙:湖南省地质矿产勘查开发局402队:3-80.

吴开兴,胡瑞忠,毕献武,等,2002.矿石铅同位素示踪成矿物质来源综述[J].地质地球化学(3):73-81.

吴元保,郑永飞,2004.锆石成因矿物学研究及其对U-Pb年龄解释的制约[J].科学通报,49(16):1589-1605.

徐德明,蔺志永,龙文国,等,2012.钦杭成矿带的研究历史和现状[J].华南地质与矿产,28(4):277-289.

徐德明,蔺志勇,骆学全,等,2015.钦杭成矿带主要金属矿床成矿系列[J].地学前缘,22(2):7-24.

徐德明,张鲲,胡军,等,2016.钦杭成矿带西段资源远景调查评价[R].武汉:中国地质调查局武汉地质调查中心:1-109.

徐德明,张鲲,胡军,等,2018.钦杭成矿带(西段)铜金多金属矿成矿规律及成矿预测[M].北京:科学出版社.

徐德明,张鲲,蔺志永,等,2015.钦杭成矿带(西段)重要金属矿床成矿规律及找矿方向研究[R].武汉:中国地质调查局武汉地质调查中心:1-90.

徐平,吴福元,谢烈文,等,2004.U-Pb 同位素定年标准锆石的 Hf 同位素[J].科学通报,49:1403-1410.

许德如,邓腾,董国军,等,2017b.湘东北连云山二云母二长花岗岩的年代学和地球化学特征:对岩浆成因和成矿地球动力学背景的启示[J].地学前缘,24(2):104-122.

许德如,王力,李鹏春,等,2009.湘东北地区连云山花岗岩的成因及地球动力学暗示[J].岩石学报,25(5):1056-1078.

许德如,王力,肖勇,等,2008."石碌式"铁氧化物-铜(金)-钴矿床成矿模式初探[J].矿床地质,27(6):681-694.

许德如,邹凤辉,宁钧陶,等,2017a.湘东北地区地质构造演化与成矿响应探讨[J].岩石学报,33(3):695-715.

颜志强,康博,谢鹏峰,2015.湖南省临湘市桃林矿区外围铅锌矿普查报告[R].长沙:湖南省地质矿产勘查开发局402队:1-30.

颜志强,李荫中,2017.湖南省临湘市桃林铅锌矿床成矿规律及成因浅析[J].矿物岩石地球化学通报,36(增):804-805.

阎廉泉,1957.湖南桃林铅锌矿矿床地质初步研究[J].地质论评,17(3):295-309.

杨红梅,蔡红,段瑞春,等,2012.硫化物 Rb-Sr 同位素定年研究进展[J].地球科学进展,27(4):379-385.

杨立强,邓军,王中亮,等,2014.胶东中生代金成矿系统[J].岩石学报,30(9):2447-2467.

杨梅珍,曾键年,覃永军,等,2010.大别山北缘千鹅冲斑岩型钼矿床锆石 U-Pb 和辉钼矿 Re-Os 年代学及其地质意义[J].地质科技情报,29(5):35-45.

杨明桂,梅勇文,1997.钦-杭古板块结合带与成矿带的主要特征[J].华南地质与矿产(3):52-59.

杨荣,符巩固,陈必河,等,2015.湖南七宝山铜(金)多金属矿床地质特征与找矿方向[J].华南地质与矿产,31(3):246-252.

杨中宝,2002.湖南浏阳七宝山铜(金)多金属矿床的地质特征及成因研究[D].长沙:中南大学.

杨中宝,彭省临,胡祥昭,等,2004.浏阳七宝山铜(金)多金属矿床流体包裹体特征及成矿意义[J].地球科学与环境学报,26(2):11-15.

姚书振,丁振举,周宗桂,等,2002.秦岭造山带金属成矿系统[J].地球科学,27(5):599-604.

衣龙升,范宏瑞,翟明国,等,2016.新疆白杨河铍铀矿床萤石 Sm-Nd 和沥青铀矿 U-Pb 年代学及其地质意义[J].岩石学报,32(7):2099-2110.

易琳琪,梁荣桂,吴保华,等,1982.七宝山斑岩型多金属矿床成矿条件与成因探讨[J].化工地质,53-63.

易祖水,罗小亚,周东红,等,2010.浏阳市井冲钴铜多金属矿床地质特征及成因浅析[J].华南地质与矿产(3):12-18.

易祖水,朱润亚,阳镇东,等,2008.湖南省浏阳市井冲矿区潭玲钴铜多金属矿详查报告[R].长沙:湖南省地质矿产勘查开发局四〇二队:1-35.

於崇文,1998.成矿作用动力学[M].北京:地质出版社.

喻爱南,1992.桃林铅锌矿拆离断层中动力变质岩研究[J].湖南地质,51-52.

喻爱南,何绍勋,彭恩生,1993.桃林铅锌矿断裂变质带的地质特征研究[J].中南矿冶学院学报,24(1):1-7.

喻爱南,叶柏龙,彭恩生,1998a.湖南桃林大云山变质核杂岩构造与成矿的关系[J].大地构造与成矿,22(1):82-88.

喻爱南,叶柏龙,彭恩生,1998b.桃林韧性剪切带的地质特征[J].中南工业大学学报,29(3):205-208.

翟裕生,1994.矿床地质学的发展前景和思维方法[J].地学前缘,1(3-4):1-7.

翟裕生,1996.关于构造-流体-成矿作用研究的几个问题[J].地学前缘,3(3-4):230-236.

翟裕生,1999b.论成矿系统[J].地学前缘,6(1):13-27.

翟裕生,2000.成矿系统及其演化:初步实践到理论思考[J].地球科学,25(4):333-339.

翟裕生,2007.地球系统、成矿系统到勘查系统[J].地学前缘,14(1):172-181.

翟裕生,邓军,崔彬,等,1999b.成矿系统及综合地质异常[J].现代地质,13(1):99-104.

翟裕生,邓军,李晓波,1999a.区域成矿学[M].北京:地质出版社.

翟裕生,邓军,彭润民,等,2010.成矿系统论[M].北京:地质出版社.

翟裕生,彭润民,邓军,等,2000.成矿系统分析与新类型矿床预测[J].地学前缘,7(1):123-132.

张长青,李厚民,代军治,等,2006.铅锌矿床中矿石铅同位素研究[J].矿床地质:25(z):213-216.

张德会,张文淮,许国建,2001.岩浆热液出溶和演化对斑岩成矿系统金属成矿的制约[J].地学前缘,8(3):193-202.

张德全,佘宏全,李大新,等,2003.紫金山地区的斑岩-浅成热液成矿系统[J].地质学报,77(2):253-261.

张福良,崔笛,胡永达,等,2014.钴矿资源形势分析及管理对策建议[J].中国矿业,23(7):6-10.

张九龄,1989.湖南桃林铅锌矿控矿条件及成矿预测[J].地质与勘探,25(4):1-7.

张九龄,符策美,1987.临湘县桃林铅锌矿矿床成矿条件及成因的重新讨论[J].湖南地质,6(3):14-22.

张鲲,徐德明,胡俊良,2012.湖南桃林铅锌矿区花岗岩地球化学特征及其与成矿的关系[J].华南地质与矿产,28(4):307-314.

张鲲,徐德明,胡俊良,等,2015.湘东北三墩铜铅锌多金属矿岩浆热液成因:稀土元素和硫同位素证[J].华南地质与矿产,31(3):253-260.

张鲲,徐德明,胡俊良,等,2017.湘东北三墩铜铅锌矿区花岗岩的岩石成因:锆石 U-Pb 测年、岩石地球化学和 Hf 同位素约束[J].地质通报,36(9):1591-1600.

张鲲,徐德明,宁钧陶,等,2019.湘东北井冲铜-钴-铅锌多金属矿区花岗岩的岩石成因:锆石 U-Pb 测年、岩石地球化学和 Hf 同位素约束[J].岩石矿物学杂志,38(1):21-33.

张云新,吴越,田广,等,2014.云南乐红铅锌矿床成矿时代与成矿物质来源:Rb-Sr 和 S 同位素制约[J].矿物学报,34(3):305-311.

赵静,梁金龙,李军,等,2018.贵州贞丰水银洞金矿矿床成因与成矿模式:来自载金黄铁矿 NanoSIMS 多元素 Mapping 及原位微区硫同位素的证据[J].地学前缘,25(1):157-167.

赵小明,张开明,毛新武,等,2015.中南地区大地构造相特征与成矿地质背景研究[M].武汉:湖北人民出版社.

赵新福,李占轲,赵少瑞,等,2019.华北克拉通南缘早白垩世区域大规模岩浆-热液成矿系统[J].地球科学,44(1):52-68.

赵宗举,俞广,朱琰,等,2003.中国南方大地构造演化及其对油气的控制[J].成都理工大学学报(自然科学版),30(2):155-168.

郑硌,顾雪祥,曹华文,等,2014.湖南省七宝山钙矽卡岩-镁矽卡岩共生型多金属矿床地质地球化学特征[J].现代地质,28(1):87-97.

周琦,杜远生,覃英,2013.古天然气渗漏沉积型锰矿床成矿系统与成矿模式:以黔湘渝毗邻区南华纪"大塘坡式"锰矿为例[J].矿床地质,32(3):457-466.

周涛发,范裕,王世伟,等,2017.长江中下游成矿带成矿规律和成矿模式[J].岩石学报,33(11):3353-3372.

周小进,杨帆,2009.中国南方大陆加里东晚期构造-古地理演化[J].石油实验地质,31(2):128-135,141.

周永章,李兴远,牛佳,等,2013.钦杭成矿带喷流-热水沉积矿床的时空分布[J].矿物学报,(s2):643.

周永章,李兴远,郑义,等,2017.钦杭结合带成矿地质背景及成矿规律[J].岩石学报,33(3):667-681.

周岳强,康博,2017.湖南省井冲铜钴多金属矿床成矿流体特征研究[J].矿物岩石地球化学通报,36(增):836.

朱炳泉,1998.地球科学中同位素体系理论与应用:兼论中国大陆壳幔演化[M].北京:科学出版社.

朱金初,张佩华,谢才富,等,2007.桂东北里松花岗岩中暗色包体的岩浆混合成因[J].地球化学,35(5):506-511.

朱裕生,1993.论矿床成矿模式[J].地质论评,39(3):216-222.

朱裕生,梅燕雄,1995.成矿模式研究的几个问题[J].地球学报,(2):182-189.

邹凤辉,2016.湘东北横洞钴矿床成因矿物学和成矿流体研究[D].北京:中国科学院.

邹凤辉,许德如,王智琳,等,2015.湘东北横洞钴矿矿床地质特征及成因机制探讨[J].吉林大学学报,45(增刊1):13-19.

邹正光,1993. 桃林闪锌矿的矿物学特征[J]. 湖南地质,12(2):102-106.

ALTHERR R, SIEBEL W, 2002. I-type plutonism in a continental back-arc setting: Miocene granitoids and monzonites from the central Aegean Sea, Greece[J]. Contributions to Mineralogy and Petrology, 143(4):397-415.

BARTH M G, MCDONOUGH W F, RUDNICK R L, 2000. Tracking the budget of Nb and Ta in the continental crust[J]. Chemical Geology, 165:195-213.

CHERNIAK D J, WATSON E B, 2000. Pb diffusion in zircon[J]. Chemical Geology, 172:5-25.

DING T, REES C E, 1984. The sulphur isotope systematics of the Taolin Pb-Zn ore deposit, China[J]. Geochimica et Cosmochimica Acta, 48(11):2381-2392.

DOE B R, 1974. The application of the lead isotopes to the problems of ore genesis and prospect evolution: A review[J]. Economic Geology, 69:757-776.

FOLEY S, AMAND N, LIU J, 1992. Potassic and ultrapotassic magmas and their orogin[J]. Lithos, 28:182-186.

GREEN T H, 1996. Significance of Nb/Ta as an indicator of geochemical process in the crust-mantle system[J]. Chemical Geology, 120:347-359.

GREEN T H, PEARSON N J, 1987. An experimental study of Nb and Ta partitioning between Ti-rich minerals and silicate liquids at high pressure and temperature[J]. Geochimica et Cosmochimica Acta, 51:55-62.

HEDENQUIST J W, ARRIBAS A J, 1998. Evolution of an intrusion-centered hydrothermal system: Far Southeast-Lepanto porphyry and epithermal Cu-Au deposits, Philippines[J]. Economic. Geology, 93:373-404.

HEDENQUIST J W, LOWENSTERN J B, 1994. The role of magma in the format ion of hydrothermal ore deposits[J]. Nature, 370:519-527.

HOEFS J, 2009. Isotope fractionation processes of selected Elements[M]. Stable Isotope Geochemistry, Berlin:Springer.

IRVINE T N, BARAGAR W R A, 1971. A guide to chemical classification of the common volcanic rocks[J]. Canadian Journal of Earth Sciences, 8:532-548.

JI W B, LIN W, FAURE M, et al, 2017. Origin of the late jurassic to early cretaceous peraluminous granitoids in the northeastern Hu'nan province (middle Yangtze region), South China: Geodynamic implications for the Paleo-Pacific subduction[J]. Journal of Asian Earth Sciences, 141(A):174-193.

KAYGUSUZ A, SIEBEL W, SEN C, et al, 2008. Petrochemistry and petrology of I-type granitoids in an arc setting: The composite Torul pluton, Eastern Pontides, NE Turkey[J]. International Journal of Earth Sciences, 97(4):739-764.

LE F P, CUNEY M, DENIEL C, et al, 1987. Crustal genetation of the Himalayan leucogranites[J]. Tectonophysics, 134: 39-57.

LIU Y S, GAO S, HU Z C, et al, 2010. Continental and oceanic crust recycling-induced melt-peridotite interactions in the Trans-North China Orogen: U – Pb dating, Hf isotopes and trace elements in zircons of mantle xenoliths[J]. Journal of Petrology, 51(1-2): 537-571.

LIU Y S, HU Z C, GAO S, et al, 2008. In situ analysis of major and trace elements of anhydrous minerals by LA-ICP-MS without applying an internal standard[J]. Chemical Geology, 257(1-2): 34-43.

LUDWIG K R, 2003. ISOPLOT 3.00: A Geochronological Toolkit for Microsoft Excel [J]. Berkeley Geochronology Center, California, Berkeley, 39.

MANIAR P D, PICCOLI P M, 1989. Tectonic discrimination of granitoids[J]. Geological Society of America Bulletin, 101(5): 635-643.

MAO J W, ZHANG J D, PIRAJNO F, et al, 2011. Porphyry Cu-Au-Mo epithermal Ag-Pb-Zn distal hydrothermal Au deposits in the Dexing area, Jiangxi province, East China-A linked ore system[J]. Ore Geology Reviews, 43(1): 203-216.

MICHEL F, CHEN Y, FENG Z H, et al, 2017. Tectonics and geodynamics of South China: An introductory note[J]. Journal of Asian Earth Sciences, 141(A): 1-6.

MIDDLEMOST E A K, 1995. Naming materials in the magma/igneous rock system [J]. Earth Sciences Review, 37:15-224.

OHMOTO H, 1986. Stable isotope geochemistry of ore deposits[J]. Reviews in Mineralogy, 16(1): 491-559.

OHMOTO H, GOLDHABER M B, 1997. Sulfur and carbon isotope. In: Barnes HL (ed) Geochemistry of hydrothermal ore deposits[M]. New York: Wiley.

PECCERILLO A, TAYLOR S R, 1976. Geochemistry of eocene calc-alkaline volcanic rocks from the Kastamonu area, Northern Turkey[J]. Contributions to Mineralogy and Petrology, 58(1): 63-81.

QIU X F, YANG H M, LU S S, et al, 2015. Geochronology and geochemistry of Grenville-aged (1063 ± 16Ma) metabasalts in the Shennongjia district, Yangtze block: Implications for tectonic evolution of the South China Craton[J]. International Geology Review, 57: 76-96.

RUDNICK R L, GAO S, 2003. Composition of the continental crust[J]. Treatise on Geochemistry 3, 1-64.

SISSON T W, RATAJESKI K, HANKINS W B, et al, 2005. Voluminous granitic magmas from common basaltic sources[J]. Contributions to Mineralogy and Petrology, 148 (6): 635-661.

SUN S S, MCDONOUGH W F, 1989. Chemical and isotopic systematics of oceanic basalts: implications for mantle composition and processes[J]. Geological Society London

Special Publications, 42(1): 313-345.

SYLVESTER P J, 1998. Post-collisional peraluminous granites[J]. Lithos, 45: 29-45.

WANG J Q, SHU L S, SANTOSH M, 2016. Petrogenesis and tectonic evolution of Lianyunshan complex, South China: Insights on Neoproterozoic and late Mesozoic tectonic evolution of the central Jiangnan Orogen[J]. Gondwana Research, 39: 114-130.

WANG L X, MA C Q, ZHANG C, et al, 2014. Genesis of leucogranite by prolonged fractional crystallization: A case study of the Mufushan complex, South China[J]. Lithos, 206-207: 147-163.

WANG Y J, FAN W M, ZHANG G W, et al, 2013. Phanerozoic tectonics of the South China Block: Key observations and controversies[J]. Gondwana Research, 23(4): 1273-1305.

WANG Z L, XU D R, CHI G X, et al, 2017. Mineralogical and isotopic constraints on the genesis of the Jingchong Co-Cu polymetallic ore deposit in northeastern Hu'nan Province, South China[J]. Ore Geology Reviews, 88: 638-654.

WHITE A J R, CHAPPELL B W, 1983. Granitoid types and their distribution in the lachlan fold belt, south-eastern Austalia[J]. Geological Society of American Membership, 159: 21-35.

XIN Y J, LI J H, DONG S W, et al, 2017. Neoproterozoic post-collisional extension of the central Jiangnan Orogen: Geochemical, geochronological, and Lu-Hf isotopic constraints from the ca. 820-800Ma magmatic rocks[J]. Precambrian Research, 294: 91-110.

XU D R, CHI G X, ZHANG Y H, et al, 2017b. Yanshanian (Late Mesozoic) ore deposits in China-An introduction to the special issue[J]. Ore Geology Reviews, 88: 481-490.

XU D R, DENG T, CHI G X, et al, 2017a. Gold mineralization in the Jiangnan Orogenic Belt of South China: Geological, geochemical and geochronological characteristics, ore deposit-type and geodynamic setting[J]. Ore Geology Reviews, 88: 565-618.

YUAN H L, GAO S, DAI M N, et al, 2008. Simultaneous determinations of U−Pb age, Hf isotopes and trace element compositions of zircon by excimer laser ablation quadrupole and multiple collector ICP-MS[J]. Chemical Geology, 247: 100-118.

YUAN S D, MAO J W, ZHAO P L, et al, 2018. Geochronology and petrogenesis of the Qibaoshan Cu-polymetallic deposit, northeastern Hu'nan Province: Implications for the metal source and metallogenic evolution of the intracontinental Qinhang Cu-polymetallic belt, South China[J]. Lithos, 302-303: 519-534.

ZAPPETTINI E O, RUBINSTEIN N, CROSTA S, et al, 2017. Intracontinental rift-related deposits: A review of key models[J]. Ore Geology Reviews, 89: 594-608.

ZARTMAN R E, DOE BR, 1981. Plumbotectonics-the model[J]. Tectonophysics,

75: 135-162.

ZHAO P L, YUAN S D, MAO J W, et al, 2017. Zircon U-Pb and Hf-O isotopes trace the architecture of polymetallic deposits: A case study of the Jurassic ore-forming porphyries in the Qin-Hang metallogenic belt, China[J]. Lithos, 292-293: 132-145.

ZOU S H, ZOU F H, NING J T, et al, 2018. A stand-alone Co mineral deposit in northeastern Hu'nan Province, South China: Its timing, origin of ore fluids and metal Co, and geodynamic setting[J]. Ore Geology Reviews, 92: 42-60.